TURING 图灵程序设计丛书

Feature Engineering Made Easy

# 特征工程入门与实践

[土] 锡南·厄兹代米尔　迪夫娅·苏萨拉　著

庄嘉盛　译

人民邮电出版社

北　京

## 图书在版编目（CIP）数据

特征工程入门与实践 / （土）锡南·厄兹代米尔
(Sinan Ozdemir)，（土）迪夫娅·苏萨拉
(Divya Susarla) 著；庄嘉盛译. -- 北京：人民邮电
出版社，2019.6（2024.7重印）
（图灵程序设计丛书）
ISBN 978-7-115-51164-5

Ⅰ. ①特… Ⅱ. ①锡… ②迪… ③庄… Ⅲ. ①机器学
习 Ⅳ. ①TP181

中国版本图书馆CIP数据核字(2019)第080456号

## 内 容 提 要

　　机器学习模型的成功正是取决于如何利用不同类型的特征，例如连续特征、分类特征等。本书将带你了解特征工程的完整过程，使机器学习更加系统、高效。你会从理解数据开始学习，了解何时纳入一项特征、何时忽略一项特征，以及其中的原因。你还会学习如何将问题陈述转换为有用的新特征，如何提供由商业需求和数学见解驱动的特征，以及如何在自己的机器上进行机器学习，从而自动学习数据中的特征。

　　本书面向所有希望全面了解特征工程的读者，特别适合具有机器学习应用知识并希望改进机器学习模型结果的数据科学家阅读。

　◆　著　　　　[土]锡南·厄兹代米尔　　迪夫娅·苏萨拉
　　　译　　　　庄嘉盛
　　　责任编辑　杨　琳
　　　责任印制　周昇亮
　◆　人民邮电出版社出版发行　　北京市丰台区成寿寺路 11 号
　　　邮编　100164　　电子邮件　315@ptpress.com.cn
　　　网址　http://www.ptpress.com.cn
　　　固安县铭成印刷有限公司印刷
　◆　开本：800×1000　1/16
　　　印张：13.75　　　　　　　　2019 年 6 月第 1 版
　　　字数：324 千字　　　　　　2024 年 7 月河北第 15 次印刷
　　　著作权合同登记号　图字：01-2018-4184号

定价：59.00元
读者服务热线：(010)84084456-6009　印装质量热线：(010)81055316
反盗版热线：(010)81055315
广告经营许可证：京东市监广登字 20170147 号

# 前　　言

本书的主题是特征工程。特征工程是数据科学和机器学习流水线上的重要一环，包括识别、清洗、构建和发掘数据的新特征，为进一步解释数据并进行预测性分析做准备。

本书囊括了特征工程的全流程，从数据检查到可视化，再到转换和进一步处理，等等。书中还会涉及各种或简单或复杂的数学工具，数据要经过这些工具处理、转换成适当的形式，才能进入计算机和机器学习流水线中进行处理。

作为数据科学家，我们将通过观察和变换来获取对数据的全新理解，这不仅会增强机器学习算法的效果，而且会增强我们对数据的洞悉力。

## 目标读者

本书面向希望理解并使用特征工程进行机器学习和数据挖掘的读者。

读者应能熟练使用 Python 进行机器学习和编程，才能顺着章节的展开循序渐进地了解新知识点。

## 本书内容

**第 1 章，特征工程简介**　这一章介绍特征工程的基本术语，简要阐释本书涉及的各类问题。

**第 2 章，特征理解：我的数据集里有什么**　这一章介绍我们在实际中会遇见的各类数据，并说明如何处理这些数据。

**第 3 章，特征增强：清洗数据**　这一章介绍填充缺失值的各种方法，以及为何某些处理方法会使机器学习性能变差。

**第 4 章，特征构建：我能生成新特征吗**　这一章介绍如何使用已有的特征构建新特征，以扩大数据集。

**第 5 章，特征选择：对坏属性说不**　这一章介绍定量的选择方法，用于判断哪些特征值得在数据流水线中保留。

**第 6 章，特征转换：数学显神通**　这一章介绍如何使用线性代数和高等数学方法增强数据的刚性结构，从而提升流水线的性能。

**第 7 章，特征学习：以 AI 促 AI**　这一章介绍如何利用最先进的机器学习和人工智能算法，发现人类难以理解的特征。

**第 8 章，案例分析**　这一章介绍了一系列巩固特征工程思想的案例。

## 阅读须知

阅读本书有以下两点要求。

(1) 本书的所有编程示例均使用 Python。你需要有一台可以访问 Unix 式终端的计算机（ Linux、Mac 或 Windows 均可 ），并安装 Python 3。

(2) 建议安装 Anaconda，因为这个环境几乎包含了示例中要用到的所有包。

## 下载示例代码

你可以从 "图灵社区" 本书页面（ http://www.ituring.com.cn/book/2606 ）下载书中的示例代码。

文件下载结束之后，请确定使用以下软件的最新版本解压或提取文件：

- ❑ WinRAR/7-Zip（ Windows ）
- ❑ Zipeg/iZip/UnRarX（ Mac ）
- ❑ 7-Zip/PeaZip（ Linux ）

https://github.com/PacktPublishing/ 提供了种类丰富的图书和视频资料相关代码包，好好看一下吧！

## 下载本书彩色图片

我们也提供含有彩色截图/图表的 PDF 文件。彩色图片能帮助你更深入地理解输出的变化。下载地址：https://www.packtpub.com/sites/default/files/downloads/FeatureEngineeringMadeEasy_ColorImages.pdf。

## 排版约定

本书采用不同的文本样式来区分不同类别的信息。

正文中的代码按以下样式显示："假设要进一步处理数据，我们的任务就是通过 3 个输入特征（`datetime`、`protocol` 和 `urgent`）准确地预测 `malicious`。简单地说，我们想要的系统可以把 `datetime`、`protocol` 和 `urgent` 的值映射到 `malicious` 的值。"

代码块的样式如下所示：

```
Network_features = pd.DataFrame({'datetime': ['6/2/2018', '6/2/2018',
'6/2/2018', '6/3/2018'], 'protocol': ['tcp', 'http', 'http', 'http'],
'urgent': [False, True, True, False]})
Network_response = pd.Series([True, True, False, True])
Network_features
>>
  datetime    protocol  urgent
0  6/2/2018        tcp  False
1  6/2/2018       http  True
2  6/2/2018       http  True
3  6/3/2018       http  False
Network_response
>>
0      True
1      True
2      False
3      True
dtype: bool
```

如果我们需要你重点关注某处，会加粗显示：

```
times_pregnant                  0.221898
plasma_glucose_concentration    0.466581
diastolic_blood_pressure        0.065068
triceps_thickness               0.074752
serum_insulin                   0.130548
bmi                             0.292695
pedigree_function               0.173844
age                             0.238356
onset_diabetes                  1.000000
Name: onset_diabetes, dtype: float64
```

新术语、重点词和屏幕上的文字将以黑体形式显示。

 这个图标表示警告或需要特别注意的内容。

 这个图标表示提示或技巧。

## 联系我们

**一般反馈**：发送邮件至 feedback@packtpub.com 并在主题处提及书名。如果对于本书任何方面有疑问，请发送邮件至 questions@packtpub.com。

**勘误**：尽管我们做了各种努力来保证内容的准确性，依然无法避免出现错误。如果你在书中发现文字或代码错误，请告知我们，我们将非常感谢。请访问 https://www.packtpub.com/submit-errata 提交勘误。①通过点击 Errata Submission Form 链接选择图书，然后输入勘误详情。

**反盗版**：如果你在网上发现有对我们图书的非法复制行为，请立即将地址或网站名通知我们，非常感谢。请联系 copyright@packtpub.com 并提供有盗版嫌疑的链接。

**成为作者**：如果你在某个领域有专业知识，并且有兴趣进行图书写作，请访问 authors.packtpub.com。

## 评论

请留下你的评论。阅读并使用本书之后，为什么不在购买网站上留下评论呢？其他读者可以根据你的客观意见来做出购买决定，Packt 可以了解你对产品有何看法，作者也能看到你对本书的反馈。谢谢！

想了解关于 Packt 的更多信息，请访问 packtpub.com。

## 电子书

扫描如下二维码，即可购买本书电子版。

---

① 针对本书中文版的勘误，请到 http://www.ituring.com.cn/book/2606 查看和提交。——编者注

# 目　　录

## 第 1 章

# 特征工程简介

近年来,工程师和管理层都在尝试用**机器学习**(ML,machine learning)和**人工智能**(AI,artificial intelligence)来解决以往需要手动操作才能处理的问题。**自然语言处理**(NLP,natural language processing)的发展就是个很好的例子,特别是在自然语言生成和理解方面。更精确地说,我们希望构建一个 AI 系统,从用户(例如对最新款智能手机不满的用户)那里直接读取原始文本,以机器的速度和人类的措辞来流畅、准确地回复。本章会介绍以下有关特征工程的主题:

❏ 几个激动人心的例子,解释为什么特征工程至关重要;
❏ 对机器学习的基本理解,包括性能和评估方法;
❏ 本书各章的详细信息。

## 1.1 激动人心的例子:AI 驱动的聊天

我们的 AI 聊天系统 Arty 可以像人类员工一样回复客户支持请求。Arty 了解我们公司产品,可以随时提供服务。

下面是人与 AI 客服系统的一段对话。

| 人　类 | AI |
| --- | --- |
| 你好,我的手机坏了。 | 抱歉给您带来了不便,请问您的手机是怎么坏的? |
| 手机死机了,我没法重启。 | 您的手机是什么型号的? |
| 新款 iDroid 28 | 啊,知道了。按住电源键和音量减键 20 秒,手机就重启了。 |
| 可以了,谢谢! | 不客气,祝您生活愉快。 |

这种系统令人兴奋,足以撼动市场,因为如此复杂的系统竟然可以十分简洁。让我们仔细分析一下。从表面上看,你有可能觉得,**这问题很简单啊!**提问很简单,回答也很简单,只是接收一个请求,给出一个回复。**"您好,我的手机死机了,应该怎么办?"**很简单,重启就好了。当然,表面上看起来一定是这样的。

```
from Arty import AI
AI.respond_to("my phone froze, what should I do?")
>> "reset it."
```

问题的难点在于要从 AI 的角度看问题。AI 没有完整的人类经验，它既没读过古希腊史诗《伊利亚特》，也没看过儿童故事书《大红狗克里弗》，没办法消化信息。核心问题就是，AI 没有什么阅读的经验。人们给这个 AI 几十万份（乃至几百万份）之前的人类聊天日志，让其从中发现规律。

上文中 AI 系统的训练数据节选如下。

| 请　　求 | 回　　复 |
| --- | --- |
| 你哈哦 | 您好，请问您需要什么帮助？ |
| 我手机坏了！！！！！！ | 天啊！！！！怎么了？ |
| >等一下，我去遛狗。马上回来。 | 好。我等你。 |
| 嗨 | 您好，我是 Mark，请问您需要什么帮助？ |

数据分为两列，**请求**表示最终用户输入客服聊天框的内容，**回复**则表示客服对所收到消息的回复。

在读过数千条包含错别字、脏话和中途掉线的聊天记录后，AI 开始认为自己可以胜任客服工作了。于是，人类开始让 AI 处理新收到的消息。虽然人类没有意识到自己的错误，但是开始注意到 AI 还没有完全掌握这项本领。AI 连最简单的消息都识别不了，返回的消息也没有意义。人类很容易觉得 AI 只是需要更多的时间和更多的数据，但是这些解决方案只是更大问题的小修小补，而且很多时候根本不管用。

这个例子中的潜在问题很有可能是 AI 的原始输入数据太差，导致 AI 认识不到语言中的细微差别。例如，问题可能出在这些地方。

- ❑ 错别字会无故扩大 AI 的单词量。"你哈哦"和"你好"是两个无关的词。
- ❑ AI 不能理解同义词。用来打招呼的"你好"和"嗨"字面上看起来毫不相似，人为地增加了问题的难度。

## 1.2　特征工程的重要性

为了解决实际问题，数据科学家和机器学习工程师要收集大量数据。因为他们想要解决的问题经常具有很高的相关性，而且是在混乱的世界中自然形成的，所以代表这些问题的原始数据有可能未经过滤，非常杂乱，甚至不完整。

因此，过去几年来，类似**数据工程师**的职位应运而生。这些工程师的唯一职责就是设计数据流水线和架构，用于处理原始数据，并将数据转换为公司其他部门——特别是数据科学家和机器学习工程师——可以使用的形式。尽管这项工作和机器学习专家构建机器学习流水线一样重要，但是经常被忽视和低估。

　　在数据科学家中进行的一项调查显示，他们工作中超过 80% 的时间都用在捕获、清洗和组织数据上。构造机器学习流水线所花费的时间不到 20%，却占据着主导地位。此外，数据科学家的大部分时间都在准备数据。超过 75% 的人表示，准备数据是流程中最不愉快的部分。

　　上文提到的调查结果如下。

　　下图展示了数据科学家进行不同工作的时间比例。

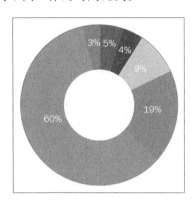

　　从上图可见，数据科学家的工作占比如下。

- ❑ 设置训练集：3%
- ❑ 清洗和组织数据：60%
- ❑ 收集数据集：19%
- ❑ 挖掘数据模式：9%
- ❑ 调整算法：5%
- ❑ 其他：4%

　　下图展示了数据科学家最不喜欢的流程。

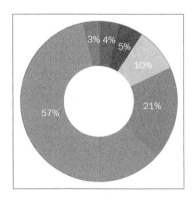

　　在一项类似的调查中，数据科学家认为他们最不喜欢的流程如下。

- ❏ 设置训练集：10%
- ❏ 清洗和组织数据：57%
- ❏ 收集数据集：21%
- ❏ 挖掘数据模式：3%
- ❏ 调整算法：4%
- ❏ 其他：5%

上面第一幅图表示了数据科学家在流程中的不同部分所花费的时间比例。数据科学家有超过80%的时间花在了准备数据上，以便进一步利用数据。第二幅图则表示了数据科学家最不喜欢的步骤。超过 75% 的人表示，他们最不喜欢准备数据。

 数据源：https://whatsthebigdata.com/2016/05/01/data-scientists-spend-most-of-their-time-cleaning-data/。

好的数据科学家不仅知道准备数据很重要，会占用大部分工作时间，而且知道这个步骤很艰难，没人喜欢。很多时候我们会觉得，像机器学习竞赛和学术文献中那样干净的数据是理所当然的。然而实际上，超过 90% 的数据（最有趣、最有用的数据）都以原始形式存在，就像在之前AI 聊天系统的例子中一样。

**准备数据**的概念很模糊，包括捕获数据、存储数据、清洗数据，等等。之前的图中显示，清洗和组织数据占用的工作时间十分可观。数据工程师在这个步骤中能发挥最大作用。清洗数据的意思是将数据转换为云系统和数据库可以轻松识别的形式。组织数据一般更为彻底，经常包括将数据集的格式整体转换为更干净的格式，例如将原始聊天数据转换为有行列结构的表格。

**清洗数据**和**组织数据**的区别如下图所示。

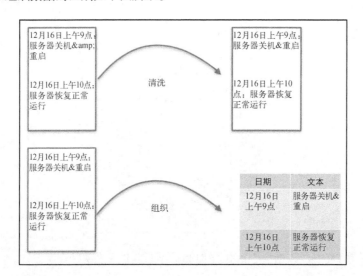

图片上半部分的转换代表清洗服务器日志，包含数据和服务器状态的描述文本。注意在清洗时，Unicode 字符&被转换为了更可读的&。清洗前后，文档的格式基本保持不变。下半部分的组织转换则彻底得多，把原始数据转换为了行列结构，其中每行代表服务器的一次操作，每列代表服务器操作的属性（attribute）。在这个例子中，两个属性是**日期**和**文本**。

清洗和组织数据都属于更大的数据科学范畴，也是本书要讨论的主题——特征工程。

## 1.3　特征工程是什么

终于说到本书的主题了。

是的，本书的主题是特征工程。我们将着眼于清洗和组织数据的过程，为机器学习流水线服务。除了这些概念，我们还会介绍如何用数学公式和神经理解的方式看待数据转换，但是现在暂时不涉及。让我们从概念开始入手吧。

 **特征工程**（feature engineering）是这样一个过程：将数据转换为能更好地表示潜在问题的特征，从而提高机器学习性能。

为了进一步理解这个定义，我们看看特征工程具体包含什么。

- **转换数据的过程**：注意这里并不特指原始数据或未过滤的数据，等等。特征工程适用于任何阶段的数据。通常，我们要将特征工程技术应用于在数据分发者眼中已经**处理过**的数据。还有很重要的一点是，我们要处理的数据经常是表格形式的。数据会被组织成行（观察值）和列（属性）。有时我们从最原始的数据形式开始入手，例如之前服务器日志的例子，但是大部分时间，要处理的数据都已经在一定程度上被清洗和组织过了。
- **特征**：显而易见，这个词在本书中会很常用。从最基本的层面来说，特征是对机器学习过程有意义的数据属性。我们经常需要查看表格，确定哪些列是特征，哪些只是普通的属性。
- **更好地表示潜在问题**：我们要使用的数据一定代表了某个领域的某个问题。我们要保证，在处理数据时，不能一叶障目不见泰山。转换数据的目的是要更好地表达更大的问题。
- **提高机器学习性能**：特征工程是数据科学流程的一部分。如我们所见，这个步骤很重要，而且经常被低估。特征工程的最终目的是让我们获取更好的数据，以便学习算法从中挖掘模式，取得更好的效果。本书稍后将详细讨论机器学习的指标和效果，但是现在我们要知道的是，执行特征工程不仅是要获得更干净的数据，而且最终要在机器学习流水线中使用这些数据。

你一定在想：**为什么我应该花时间阅读一本大家都不喜欢的事情的书**？我们觉得，很多人之所以不喜欢特征工程，是因为他们常常看不到这些工作的益处。

大部分公司会同时招聘数据工程师和机器学习工程师。数据工程师主要关注准备和转换数据，而机器学习工程师一般拥有算法知识，知道如何从清洗好的数据中挖掘出模式来。

这两种工作一般是分开的，但是会交织在一起循环进行。数据工程师把数据集交给机器学习工程师，机器学习工程师则会说结果不好，让数据工程师进一步转换数据，反反复复。这种过程不仅单调重复，而且影响大局。

如果工程师不具备特征工程和机器学习两方面的知识，则整个流程很有可能不会那么有效。因此本书应运而生。我们会讨论特征工程，以及特征工程和机器学习如何直接相关。这个方法是以结果为导向的，我们认为，只有能提高机器学习效果的技术才是有用的技术。现在我们来深入了解数据、数据结构和机器学习的基础知识，以确保术语的统一性。

## 数据和机器学习的基础知识

一般来说，我们处理的数据都是表格形式的，按行列组织。可以将其想象成能在电子表格程序（例如 Microsoft Excel）中打开。数据的每行又称为**观察值**（observation），代表问题的一个实例或例子。例如，如果数据是关于股票日内交易的，那么每个观察值有可能是一小时内整体股市和股价的涨跌。

又例如，如果数据是关于网络安全的，那么观察值也许是可能的黑客攻击，或者是无线网络发送的一个数据包。

下表是网络安全领域的示例数据，确切地说是网络入侵领域。

| DateTime | Protocol | Urgent | Malicious |
|---|---|---|---|
| June 2nd, 2018 | TCP | FALSE | TRUE |
| June 2nd, 2018 | HTTP | TRUE | TRUE |
| June 2nd, 2018 | HTTP | TRUE | FALSE |
| June 3rd, 2018 | HTTP | FALSE | TRUE |

可以看到，每行（每个观察值）都是一次网络连接，有 4 个属性：DateTime（日期）、Protocol（协议）、Urgent（紧急）和 Malicious（恶意）。我们暂时不深入研究每个属性，先观察以表格形式给出的数据结构。

因为大部分数据都是表格形式的，也可以看看一种特殊的实例：数据只有一列（一个属性）。例如，我们要开发一个软件，输入房间的一张图像，它会输出房间中是否有人。输入的数据矩阵有可能只有一列——房间照片的链接（URL），别的什么都没有。

例如，下面的表格中只有一列，列标题是"照片 URL"。表格中数据的值（这些 URL 仅为示例，并不指向真的图片）对数据科学家而言具有相关性。

| 照片 URL |
| --- |
| http://photo-storage.io/room/1 |
| http://photo-storage.io/room/2 |
| http://photo-storage.io/room/3 |
| http://photo-storage.io/room/4 |

　　输入的数据有可能只有一列，像这个例子一样。在创建图像分析系统时，输入有可能仅仅是图像的 URL。作为数据科学家，我们要从这些 URL 中构建特征。

　　数据科学家要准备好接受并处理多或少、宽或窄（从特征上讲）、完整或稀疏（可能有缺失值）的数据，并准备好在机器学习中应用这些数据。现在是时候讨论机器学习了。机器学习算法是按其从数据中提取并利用模式、以基于历史训练数据完成任务的能力来定义的。是不是摸不到头脑？机器学习可以处理很多类型的任务，因此我们不给出定义，而是继续深入探讨。

　　大体上，我们把机器学习分为两类：监督学习和无监督学习。两种算法都可以从特征工程中获益，所以了解每种类型非常重要。

### 1. 监督学习

　　一般来说，我们都是在监督学习（也叫预测分析）的特定上下文中提到特征工程。监督学习算法专门处理预测一个值的任务，通常是用数据中的其他属性来预测余下的一个属性。以如下表示网络入侵的数据集为例。

| DateTime | Protocol | Urgent | Malicious |
| --- | --- | --- | --- |
| June 2nd, 2018 | TCP | FALSE | TRUE |
| June 2nd, 2018 | HTTP | TRUE | TRUE |
| June 2nd, 2018 | HTTP | TRUE | FALSE |
| June 3rd, 2018 | HTTP | FALSE | TRUE |

　　还是前文用到的数据集，这次我们在预测分析的上下文中深入探讨。

　　注意，数据集有 4 个属性：DateTime、Protocol、Urgent 和 Malicious。假设 Malicious 属性包含代表该观测值是否为恶意入侵的值。所以在这个小数据集中，第 1 次、第 2 次和第 4 次连接都是恶意入侵。

　　进一步假设，在这个数据集中，我们要尝试用 3 个属性（DateTime、Protocol 和 Urgent）准确预测 Malicious 属性。简单地说，我们想建立一个系统，将 DateTime、Protocol 和 Urgent 属性的值映射到 Malicious 的值。监督学习问题就是这样建立起来的：

```
Network_features = pd.DataFrame({'datetime': ['6/2/2018', '6/2/2018',
'6/2/2018', '6/3/2018'], 'protocol': ['tcp', 'http', 'http', 'http'],
'urgent': [False, True, True, False]})
Network_response = pd.Series([True, True, False, True])
Network_features
>>
```

```
  datetime protocol urgent
0  6/2/2018      tcp  False
1  6/2/2018     http   True
2  6/2/2018     http   True
3  6/3/2018     http  False
Network_response
>>
0      True
1      True
2     False
3      True
dtype: bool
```

在监督学习中，我们一般将数据集中希望预测的属性（一般只有一个，但也不尽然）叫作响应（response），其余属性叫作**特征**（feature）。

也可以认为，监督学习是一种利用数据结构的算法。我们的意思是，机器学习算法会试图从很漂亮整洁的数据中提取模式。但是之前我们讨论过，不应该想当然地认为进入流水线的数据都是干净的：特征工程由此而来。

你可能会问：如果我们不做预测，机器学习又有什么用呢？问得好。在机器学习可以利用数据结构之前，我们有时需要调整乃至创造结构。无监督学习在这里大放异彩。

**2. 无监督学习**

监督学习的目的是预测。我们利用数据的特征对响应进行预测，提供有用的信息。如果不是要通过探索结构进行预测，那就是想从数据中提取结构。要做到后者，一般对数据的数值矩阵或迭代过程应用数学变换，提取新的特征。

这个概念有可能比监督学习更难理解，我们在此提供一个例子来阐明。

● **无监督学习的例子：市场细分**

假如我们的数据集很大（有 100 万行），每行是一个人的基本特征（年龄、性别等）以及购买商品的数量（代表从某个店铺购买的商品数）。

| 年　　龄 | 性　　别 | 购买商品的数量 |
| --- | --- | --- |
| 25 | 女 | 1 |
| 28 | 女 | 23 |
| 61 | 女 | 3 |
| 54 | 男 | 17 |
| 51 | 男 | 8 |
| 47 | 女 | 3 |
| 27 | 男 | 22 |
| 31 | 女 | 14 |

这是营销数据集的一个样本，每行代表一个顾客，每人有 3 个基本属性。我们的目标是将这个数据集细分成不同的**类型**或**聚类**，让执行分析的公司更好地理解客户资料。

这里只显示了 100 万行数据的前 8 行，全部数据令人望而生畏。我们当然可以对该数据集进行基本的描述性统计分析，例如计算所有数值列的均值和标准差等。不过，如果想把 100 万人划分为不同的**类型**，方便市场部门更好地理解不同的消费人群、为每类人更精准地投放广告呢？

每种类型的顾客都有独一无二的特征。例如，有可能 20% 的顾客属于年轻富裕阶层，他们的年龄较小、买的商品数量较多。

此类分析和类型的创建属于无监督学习的一个特殊类别，称作**聚类**，后文中将详细讨论这种机器学习算法。目前我们知道，聚类会创造一个新的特征，将顾客划分到不同类型或聚类中。

| 年　　龄 | 性　　别 | 购买商品的数量 | 聚　　类 |
|---|---|---|---|
| 25 | 女 | 1 | 6 |
| 28 | 女 | 23 | 1 |
| 61 | 女 | 3 | 3 |
| 54 | 男 | 17 | 2 |
| 51 | 男 | 8 | 3 |
| 47 | 女 | 3 | 8 |
| 27 | 男 | 22 | 5 |
| 31 | 女 | 14 | 1 |

以上是应用聚类算法后的数据集。注意在最后有一个新的**聚类**特征，表示这个算法认为此人属于哪个类型。我们的想法是，同一类型的人**行为**相似（年龄、性别和购买行为等相仿）。也许聚类 6 可以叫作**年轻消费者**。

这个聚类的例子显示，我们不一定需要输出预测值，可以只是深入了解数据，添加有价值的新特征，甚至删除不相关的特征。

 注意，这里将所有的列都称为特征，因为无监督学习没有响应，我们没有做预测。

现在是不是清楚一些了？我们反复讨论的特征就是本书的重点。特征工程包括理解并转换监督学习和无监督学习中的特征。

## 1.4　机器学习算法和特征工程的评估

注意，在文献中，**特征**和**属性**通常有明显的区分。**属性**一般是表格数据的列，**特征**则一般只指代对机器学习算法有益的属性。也就是说，某些属性对机器学习系统不一定有益，甚至有害。

例如，当预测二手车下次维修的时间时，车的颜色应该不会对预测有什么帮助。

本书中，我们一般将所有的列都称为特征，直到证明某些列是无用或有害的。之后，我们会用代码将这些属性抛弃。那么，对这种决定做出评估就是至关重要的。如何评估机器学习系统和特征工程呢？

## 1.4.1   特征工程的例子：真的有人能预测天气吗

考虑一个用于预测天气的机器学习流水线。为简化起见，假设我们的算法直接从传感器获取大气数据，并预测两个值之一：晴天或雨天。很明显，这条流水线是分类流水线，只能输出两个答案中的一个。我们每天早上运行这个流水线。如果算法输出晴天而且这天基本是晴朗的，则算法正确；同理，如果输出雨天而且这天下雨了，那么算法也是正确的。对于其他任何情况，输出都是错的。我们在一个月的每一天都运行算法，这样会收集差不多 30 个预测值和实际观测到的天气值。然后就可以计算出算法的准确率。也许算法在 30 天内正确预测了 20 次，那么准确率是三分之二，大约为 67%。利用这个标准化的值或准确率，我们可以调整算法，观察准确率上升还是下降。

当然，这个例子过度简化了，但是思路很明确：对于任何机器学习流水线而言，如果不能使用一套标准指标评估其性能，那么它就是没用的。因此，特征工程不可能没有评估过程。本书将多次审视这种思路，但是目前先简单谈一下，如何进行该操作。

关于特征工程的话题一般涉及转换数据集（根据特征工程的定义）。为了明确定义某一特征工程是否对机器学习算法有利，我们会采用下节中的步骤。

## 1.4.2   特征工程的评估步骤

以下是评估特征工程的步骤：

(1) 在应用任何特征工程之前，得到机器学习模型的基准性能；

(2) 应用一种或多种特征工程；

(3) 对于每种特征工程，获取一个性能指标，并与基准性能进行对比；

(4) 如果性能的增量（变化）大于某个阈值（一般由我们定义），则认为这种特征工程是有益的，并在机器学习流水线上应用；

(5) 性能的改变一般以百分比计算（如果基准性能从 40%的准确率提升到 76%的准确率，那么改变是 90%）。

性能的定义随算法不同而改变。大部分优秀的主流机器学习算法会告诉你，在数据科学的实践中有数十种公认的指标。

因为本书的重点并不在于机器学习，而是理解和转换特征，所以我们会在例子中用机器学习算法的基准性能评估特征工程。

### 1.4.3 评估监督学习算法

当进行预测建模（即**监督学习**）时，性能直接与模型利用数据结构的能力，以及使用数据结构进行恰当预测的能力有关。一般而言，可以将监督学习分为两种更具体的类型：**分类**（预测定性响应）和**回归**（预测定量响应）。

评估分类问题时，直接用5折交叉验证计算逻辑回归模型的准确率：

```
# 评估分类问题的例子
from sklearn.linear_model import LogisticRegression
from sklearn.model_selection import cross_val_score
X = some_data_in_tabular_format
y = response_variable
lr = LinearRegression()
scores = cross_val_score(lr, X, y, cv=5, scoring='accuracy')
scores
>> [.765, .67, .8, .62, .99]
```

与之类似，对于回归问题，我们用线性回归的**均方误差**（MSE，mean squared error）进行评估，同样使用5折交叉验证：

```
# 评估回归问题的例子
from sklearn.linear_model import LinearRegression
from sklearn.model_selection import cross_val_score
X = some_data_in_tabular_format
y = response_variable
lr = LinearRegression()
scores = cross_val_score(lr, X, y, cv=5, scoring='mean_squared_error')
scores
>> [31.543, 29.5433, 32.543, 32.43, 27.5432]
```

我们用这两个线性模型，而不是出于速度和低方差的考虑使用更新、更高级的模型。这样可以更加确定，性能的增长直接与特征工程相关，而不是因为模型可以发现隐藏的模式。

### 1.4.4 评估无监督学习算法

这个问题比较棘手。因为无监督学习不做出预测，所以不能直接根据模型预测的准确率进行评估。尽管如此，如果我们进行了聚类分析（例如之前的市场细分例子），通常会利用**轮廓系数**（silhouette coefficient，这是一个表示聚类分离性的变量，在–1和1之间）加上一些人工分析来确定特征工程是提升了性能还是在浪费时间。

下面的例子用Python和scikit-learn导入并计算了一些假数据的轮廓系数：

```
attributes = tabular_data
cluster_labels = outputted_labels_from_clustering

from sklearn.metrics import silhouette_score
silhouette_score(attributes, cluster_labels)
```

随着讨论的深入，后面会花更多时间讨论无监督学习。不过大部分例子会围绕预测分析/监督学习展开。

> 需要记住，之所以对评估的算法和指标进行标准化，是因为要展示特征工程的强大，而且要让你成功复现我们的过程。实践中，你优化的性能有可能不是准确率，例如真阳性率（true positive rate），想用决策树而不是逻辑回归。这样很好，我们鼓励这样做。始终记住，要按步骤评估特征工程的结果，并将特征工程后的结果与基准性能进行对比。

你阅读本书的目的可能并不是提高机器学习性能。特征工程在其他领域（例如假设检验和一般的统计）中也非常有用。在本书的几个例子中，我们会研究将特征工程和数据转换应用于各种统计检验的统计显著性上。我们也会探索 $R^2$ 和 $p$ 值等指标，以帮助判断特征工程是否有益。

大体上，我们会在 3 个领域内对特征工程的好处进行量化。

- ❑ **监督学习**：也叫**预测分析**
  - ■ 回归——预测**定量数据**
    - ➢ 主要使用均方误差作为测量指标
  - ■ 分类——预测**定性数据**
    - ➢ 主要使用准确率作为测量指标
- ❑ **无监督学习**：聚类——将数据按特征行为进行分类
  - ■ 主要用轮廓系数作为测量指标
- ❑ **统计检验**：用相关系数、$t$ 检验、卡方检验，以及其他方法评估并量化原始数据和转换后数据的效果

在下面几节中，我们会讨论一下本书要覆盖的内容。

## 1.5　特征理解：我的数据集里有什么

这一章着手为数据处理打下基础。理解了我们面前的数据，就可以更好地明确下一步的方向。我们会开始探索不同类型的数据，并且学习如何识别数据集中的数据类型。我们会从不同的视角

研究数据集，确定它们之间的异同。可以轻松地检查数据并识别不同属性的特点之后，就能开始理解不同的数据转换方法，并用其改进我们的机器学习算法了。

在繁杂的切入点中，我们将着眼于以下几个方面：

- ❏ 结构化数据与非结构化数据；
- ❏ 数据的 4 个等级；
- ❏ 识别数据的缺失值；
- ❏ 探索性数据分析；
- ❏ 描述性统计；
- ❏ 数据可视化。

我们从理解最基本的数据结构入手，然后研究不同的数据种类。在理解数据后，就可以开始修正有问题的数据了。例如，我们必须知道数据中有多少缺失值，以及如何处理。

毫无疑问，数据可视化、描述性统计和探索性数据分析都是特征工程的一部分。我们会从机器学习工程师的角度研究这些过程。每个过程都可以增强机器学习流水线，我们会用它们试验并修正对数据的假设。

## 1.6　特征增强：清洗数据

在这一章中，我们会用自己对数据的理解，对数据集进行清洗。本书的大部分内容都会按此流程进行，用前面章节的结果处理后面章节的内容。在特征增强这步，我们可以开始利用对数据的理解修改数据集。我们会使用数学变换增强给定的数据，但是并不删除或插入新的属性（这些内容在之后几章涉及）。

我们探索的主题包括以下这些。

- ❏ 对非结构化数据进行结构化。
- ❏ 数据填充——在原先没有数据的位置填充（缺失）数据。
- ❏ 数据归一化：

　　■ 标准化（也称为 $z$ 分数标准化）；

　　■ 极差法（也称为 min-max 标准化）；

　　■ L1 和 L2 正则化（将数据投影到不同的空间，很有趣）。

此时，我们将可以判断数据是否有**结构**。也就是说，我们的数据是否是漂亮的表格格式。如果不是，这一章将提供将数据表格化的工具。在创建机器学习流水线时，这一步必不可少。

数据填充是个特别有趣的话题。在数据中填充缺失的部分比听起来要困难得多。我们会从最简单的方式（把有缺失值的特征删掉）讲到更有趣也更复杂的方式（在其他特征上进行机器学习，填充缺失值）。在填充大量缺失值后，就可以测量缺失值对机器学习算法的影响了。

归一化是用（一般比较简单的）数学工具改变数据的缩放比例。还是一样，这可以很简单，例如将英里转换为英尺、将磅转换为千克；也可以很复杂，例如将数据投影到单位球体上（到时候会详细介绍）。

在这一章和之后的章节中，我们会更加关注特征工程的量化评估流程。基本上，每当遇见一个新的数据集或特征工程，都要进行测试。我们会根据不同的标准为各种特征工程方法打分，例如机器学习的性能、速度，等等。这一章的流程仅供参考，并不能作为指南，因为不能在忽略难度和性能的情况下选择特征工程方法。每个数据任务都有自己的注意事项，需要的流程可能和先前的不同。

## 1.7　特征选择：对坏属性说不

到了这一章，我们在处理新数据集时已经比较得心应手了。我们有能力理解并清洗任何数据。此后，就可以做一些重大决策了，例如，**属性在何种程度上才能成为真正的特征**。注意特征和属性的区别，这里真正的意思是：**哪些列对我们的机器学习流水线没有帮助而且有害，应该移除掉？**这一章着重介绍如何决定删除数据集中的哪些属性。我们会研究几个有助于我们做决定的统计和迭代过程。

这些过程包括：

- □ 相关系数；
- □ 识别并移除多重共线性；
- □ 卡方检验；
- □ 方差分析；
- □ 理解 $p$ 值；
- □ 迭代特征选择；
- □ 用机器学习测量熵和信息增益。

上述所有过程都会建议删除某些特征，并给出不同的理由。最后，数据科学家要最终决定保留哪些能为机器学习算法做出贡献的特征。

## 1.8　特征构建：能生成新特征吗

在前几章中，我们主要关注移除对机器学习流水线不利的特征；这一章则着眼于构建全新的特征，并将其正确地插入数据集。我们希望这些新特征可以更好地保存新信息，并生成新的模式

**1**

供机器学习流水线使用、提高其性能。

我们要构建的特征可以有很多来源。通常，我们用现有的特征构建新特征。可以对现有特征进行转换，将结果向量和原向量放置在一起。我们还会研究从其他的系统中引入特征。例如，如果处理数据的目的是要基于购物行为对顾客群进行聚类，加入人口普查数据（这些数据不在企业的购物数据中）就有可能对结果有利。然而这样会带来如下几个问题。

❏ 如果普查数据中有 1700 个无名氏，但是企业只知道其中 13 个人的购物数据，那么如何从 1700 人里找到这 13 个人？这叫作**实体匹配**（entity matching）。

❏ 人口普查数据很大，实体匹配有可能极度耗时。

除此之外，还会有其他问题增加这个步骤的难度，但是也经常会创造出一个非常密集、数据丰富的环境。

在这一章中，我们会花时间讨论如何通过高度非结构化的数据手动创建特征。文本和图像是其中的两个例子。因为机器学习和人工智能流水线无法理解这些数据本身，所以需要手动创建可以代表图像或文本的特征。举一个简单的例子，假设我们要编写自动驾驶汽车的基础代码。首先要做的就是创建一个模型，接收汽车前方的图像来决定是否应该刹车。直接输入原始图像的办法不够好，因为机器学习算法不知道如何处理图像。我们必须手动构建特征。可以用以下几种方法分割原始图像。

❏ 考虑像素的颜色强度，将每个像素作为一个特征：

■ 例如，如果车载摄像头的分辨率是 2048 像素 × 1536 像素，那么会有 3 145 728 列

❏ 将每行像素视为一个特征，将每行的平均颜色作为值：

■ 这样只有 1536 列

❏ 将图像投影到某个空间中，其中每个特征代表图像中的一个对象。这个办法是最困难的，结果可能如下：

| 停车标志 | 猫 | 天空 | 道路 | 草地 | 潜水艇 |
| --- | --- | --- | --- | --- | --- |
| 1 | 0 | 1 | 1 | 4 | 0 |

在上表中，特征是有可能存在或不存在于图像中的对象，值代表该对象出现的次数。如果模型收到这样的信息，就最好要停车了！

## 1.9 特征转换：数学显神通

我们会在这一章接触一些有趣的数学知识。我们已经讨论了如何理解并清洗特征，也研究了如何移除或增加特征。在特征构建那一章，我们需要手动构建新的特征。在之前自动驾驶的例子

中，我们必须用人脑想出 3 种解构停车标志的方法。固然可以写代码把这个流程自动化，但是最终还是需要人工决策。

这一章将开始着眼于自动创建特征，因为这些特征适用于数学维度。如果把数据理解为一个 $n$ 维空间中的向量（$n$ 是列数），那么我们可以考虑，**能不能创建一个 $k$ 维（$k<n$）的子集，完全或几乎完全表示原数据，从而提升机器学习速度或性能？** 这里的目标是，创建一个维度更低、比原有高维度数据集性能更好的数据集。

第一个问题是，**我们做特征选择的时候不就是在降维吗？假如原来的数据有 17 个特征，我们删除 5 个，就把数据的维度降到 12 了，是不是？** 没错，当然是！但是这里不是简单地讨论删除一些列，而是对数据集应用复杂的数学变换（一般从线性代数中寻求灵感）。

一个值得注意的例子是主成分分析（PCA，principal component analysis），我们会花一些时间深入探讨。这种转换将数据分成 3 个完全不同的数据集，然后可以用这些结果创造全新的数据集，让其性能超过原先的数据集！

下面的这个例子来自普林斯顿大学的研究实验，用 PCA 探究基因表达的模式。这是对降维的一个绝佳应用，因为基因和基因组合极多，即使是世界上最精巧的算法也需要很长时间才能处理。

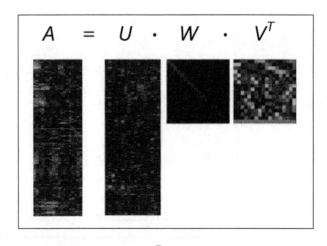

上图中，$A$ 代表原始数据集，$U$、$W$ 和 $V^T$ 代表奇异值分解的结果。然后将结果放在一起，创造一个新的数据集，在一定程度上替代 $A$。

## 1.10    特征学习：以 AI 促 AI

该领域顶层的研究是，用目前最精巧的算法自动构建特征，以改善机器学习和 AI 流水线。

前面的自动特征创建是用数学公式处理数据，但最终还是要让人类选择公式并从中获益。这一章概述的算法不是数学公式，而是尝试对数据进行理解和建模的一种架构，从而发掘数据的模式并创建新数据。这个描述目前可能比较模糊，但是希望你已经心动了！

我们会主要关注基于神经网络（节点和权重）的算法。这些算法在数据上增加的特征虽然有时不为人类所理解，但是机器会大受裨益。这章的主题包括：

❑ 受限玻尔兹曼机（RBM，restricted Boltzmann machine）；
❑ Word2vec/GloVe 等词嵌入（word embedding）算法[①]。

Word2vec 和 GloVe 算法可以将高维度数据嵌入文本的词项（token）中。例如，Word2vec 算法的可视化结果可能如下图所示。

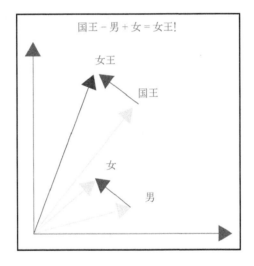

在欧几里得空间中将单词表示为向量后，就可以得到数学样式的结果。在上面的例子中，加入自动生成的特征后，可以在 Word2vec 算法的帮助下通过计算单词的向量表示来对单词进行**加减**。然后可以得到有趣的结论，例如**国王 − 男 + 女 = 女王**。厉害！

## 1.11 小结

特征工程是数据科学家和机器学习工程师需要承担的一项重大任务。这项任务对于成功的、可以投入生产的机器学习流水线而言必不可少。在接下来的 7 章中，我们将讨论特征工程的 6 个主要方面。

---

① 词嵌入算法的意思是用向量表示每个单词，聚类的结果中相似单词的距离会较近，不同的单词则会分开。

——译者注

❑ 特征理解：学习如何识别定量数据和定性数据。

❑ 特征增强：清洗和填充缺失值，最大化数据集的价值。

❑ 特征选择：通过统计方法选择一部分特征，以减少数据噪声。

❑ 特征构建：构建新的特征，探索特征间的联系。

❑ 特征转换：提取数据中的隐藏结构，用数学方法转换数据集、增强效果。

❑ 特征学习：利用深度学习的力量，以全新的视角看待数据，从而揭示新的问题，并予以解决。

本书将探索特征工程，因为特征工程会影响到机器学习的结果。在将特征工程这个大主题分为子主题，并在每章深入讨论一个主题后，我们可以更加深入地理解这些过程的原理，以及如何在 Python 中加以应用。

在下一章中，我们会直接介绍第一个主题**特征理解**。终于可以开始处理真实数据了，现在就来吧!

# 特征理解：我的数据集里有什么

2

终于可以开始处理一些真实的数据，编写真实的代码，看到真正的成效了！具体而言，我们会深入了解以下内容：

- ❏ 结构化数据与非结构化数据；
- ❏ 定量数据与定性数据；
- ❏ 数据的 4 个等级；
- ❏ 探索性数据分析和数据可视化；
- ❏ 描述性统计。

上面的每个主题都会让我们更好地理解自己面前的数据，数据集里有什么、没有什么，以及对如何进一步学习的基本见解。

如果你熟悉锡南的另一本书《数据科学原理》（*Principles of Data Science*），会发现本章的大部分内容都对应于这本书的第 2 章。不过，本章会更多地从机器学习的角度，而非整体的角度来看待数据。

## 2.1 数据结构的有无

拿到一个新的数据集后，首要任务是确认数据是结构化还是非结构化的。

- ❏ **结构化（有组织）数据**：可以分成观察值和特征的数据，一般以表格的形式组织（行是观察值，列是特征）。
- ❏ **非结构化（无组织）数据**：作为自由流动的实体，不遵循标准组织结构（例如表格）的数据。通常，非结构化数据在我们看来是**一团数据**，或只有一个特征（列）。

下面两个例子展示了结构化和非结构化数据的区别：

　　□ 以原始文本格式存储的数据，例如服务器日志和推文，是非结构化数据；
　　□ 科学仪器报告的气象数据是高度结构化的，因为存在表格的行列结构。

### 非结构化数据的例子：服务器日志

　　我们从公共数据中提取了一些服务器日志，放在文本文件中，作为非结构化数据的例子。可以看看这种数据的样子，方便日后识别：

```
# 导入数据转换包 Pandas
import pandas as pd
# 从服务器日志中创建 Pandas DataFrame
logs = pd.read_table('../data/server_logs.txt', header=None, names=['Info'])

# header=None 代表数据的第一行是第一个数据点，而不是列名
# names=['Info] 表示我在 DataFrame 中手动设置了列名，方便使用
```

　　我们创建了一个叫作 logs 的 Pandas DataFrame，用于存放服务器日志。可以用.head()方法看一下前几行：

```
# 查看前 5 行
logs.head()
```

logs DataFrame 中数据的前 5 行如下表所示。

| Info | |
| --- | --- |
| 0 | 64.242.88.10 - - [07/Mar/2004:16:05:49 -0800] ... |
| 1 | 64.242.88.10 - - [07/Mar/2004:16:06:51 -0800] ... |
| 2 | 64.242.88.10 - - [07/Mar/2004:16:10:02 -0800] ... |
| 3 | 64.242.88.10 - - [07/Mar/2004:16:11:58 -0800] ... |
| 4 | 64.242.88.10 - - [07/Mar/2004:16:20:55 -0800] ... |

　　可以发现，表中每行代表一篇日志，而且只有一列：日志文本。这个文本并不是特征，只是来自服务器的原始日志。这个例子很好地代表了非结构化数据。通常，文本形式的数据都是非结构化的。

　　重要的是要认识到，大部分非结构化数据都可以通过一些方法转换为结构化数据，这个问题我们下章再聊。

　　本书中要处理的大部分数据都是结构化的。也就是说，数据会有行和列。明白了这些，就可以开始研究表格数据中值的类型了。

## 2.2　定量数据和定性数据

　　为了完成对数据的判断，我们从区分度最高的顺序开始。在处理结构化的表格数据时（大部

分时候都是如此），第一个问题一般是：数据是定量的，还是定性的？

**定量数据**本质上是数值，应该是衡量某样东西的数量。

**定性数据**本质上是类别，应该是描述某样东西的性质。

基本示例：

- ❏ 以华氏度或摄氏度表示的气温是定量的；
- ❏ 阴天或晴天是定性的；
- ❏ 白宫参观者的名字是定性的；
- ❏ 献血的血量是定量的。

上面的例子表明，对于类似的系统，我们可以从定量数据和定性数据两方面来描述。事实上，在大多数数据集中，我们会同时处理定量数据和定性数据。

有时，数据可以同时是定量和定性的。例如，餐厅的评分（1～5 星）虽然是数，但是这个数也可以代表类别。如果餐厅评分应用要求你用定量的星级系统打分，并且公布带小数的平均分数（例如 4.71 星），那么这个数据是定量的。如果该应用问你的评价是**讨厌**、**还行**、**喜欢**、**喜爱**还是**特别喜爱**，那么这些就是类别。由于定量数据和定性数据之间的模糊性，我们会使用一个更深层次的方法进行处理，称为数据的 4 个等级。在此之前，先介绍本章的第一个数据集，巩固一下定性和定量数据的例子。

## 按工作分类的工资

我们先导入一些包：

```
# 导入探索性数据分析所需的包
# 存储表格数据
import pandas as pd
# 数学计算包
import numpy as np
# 流行的数据可视化包
import matplotlib.pyplot as plt
# 另一个流行的数据可视化包
import seaborn as sns
# 允许行内渲染图形
%matplotlib inline
# 流行的数据可视化主题
plt.style.use('fivethirtyeight')
```

然后导入第一个数据集，探索在旧金山做不同工作的工资。这个数据集可以公开获得，随意使用：

```
# 导入数据集
# https://data.sfgov.org/City-Management-and-Ethics/Salary-Ranges-by-Job-
```

```
Classification/7h4w-reyq
salary_ranges = pd.read_csv('../data/Salary_Ranges_by_Job_Classification.csv')

# 查看前几行
salary_ranges.head()
```

我们先看一下前几行数据。

| | SetID | Job Code | Eff Date | Sal End Date | Salary SetID | Sal Plan | Grade | Step | Biweekly High Rate | Biweekly Low Rate | Union Code | Extended Step | Pay Type |
|---|---|---|---|---|---|---|---|---|---|---|---|---|---|
| 0 | COMMN | 0109 | 07/01/2009 12:00:00 AM | 06/30/2010 12:00:00 AM | COMMN | SFM | 00000 | 1 | $0.00 | $0.00 | 330 | 0 | C |
| 1 | COMMN | 0110 | 07/01/2009 12:00:00 AM | 06/30/2010 12:00:00 AM | COMMN | SFM | 00000 | 1 | $15.00 | $15.00 | 323 | 0 | D |
| 2 | COMMN | 0111 | 07/01/2009 12:00:00 AM | 06/30/2010 12:00:00 AM | COMMN | SFM | 00000 | 1 | $25.00 | $25.00 | 323 | 0 | D |
| 3 | COMMN | 0112 | 07/01/2009 12:00:00 AM | 06/30/2010 12:00:00 AM | COMMN | SFM | 00000 | 1 | $50.00 | $50.00 | 323 | 0 | D |
| 4 | COMMN | 0114 | 07/01/2009 12:00:00 AM | 06/30/2010 12:00:00 AM | COMMN | SFM | 00000 | 1 | $100.00 | $100.00 | 323 | 0 | M |

可以看到表格有很多列，而且已经能发现其中一些是定性或定量的。我们用 .info() 方法了解一下数据有多少行：

```
# 查看数据有多少行，是否有缺失值，以及每列的数据类型
salary_ranges.info()

<class 'pandas.core.frame.DataFrame'>
RangeIndex: 1356 entries, 0 to 1355
Data columns (total 13 columns):
SetID                  1356 non-null object
Job Code               1356 non-null object
Eff Date               1356 non-null object
Sal End Date           1356 non-null object
Salary SetID           1356 non-null object
Sal Plan               1356 non-null object
Grade                  1356 non-null object
Step                   1356 non-null int64
Biweekly High Rate     1356 non-null object
Biweekly Low Rate      1356 non-null object
Union Code             1356 non-null int64
Extended Step          1356 non-null int64
Pay Type               1356 non-null object
```

```
dtypes: int64(3), object(10)
memory usage: 137.8+ KB
```

可以看到，数据有 1356 个条目（行）和 13 列。`.info()` 方法也会报告每列的非空（non-null）项目数。这点非常重要，因为缺失数据是特征工程中最常见的问题之一。在 Pandas 包中有很多方法可以识别和处理缺失值，其中计算缺失值数量最快的方法是：

```
# 另一种计算缺失值数量的方法
salary_ranges.isnull().sum()
```

```
SetID                  0
Job Code               0
Eff Date               0
Sal End Date           0
Salary SetID           0
Sal Plan               0
Grade                  0
Step                   0
Biweekly High Rate     0
Biweekly Low Rate      0
Union Code             0
Extended Step          0
Pay Type               0
dtype: int64
```

数据中看起来没有缺失值，可以（暂时）松一口气了。接下来用 describe 方法查看一些定量数据的描述性统计（应该有定量列）。注意，describe 方法默认描述定量列，但是如果没有定量列，也会描述定性列：

```
# 显示描述性统计
salary_ranges.describe()
```

下表可以加深理解。

|       | Step        | Union Code  | Extended Step |
|-------|-------------|-------------|---------------|
| count | 1356.000000 | 1356.000000 | 1356.000000   |
| mean  | 1.294985    | 392.676991  | 0.150442      |
| std   | 1.045816    | 338.100562  | 1.006734      |
| min   | 1.000000    | 1.000000    | 0.000000      |
| 25%   | 1.000000    | 21.000000   | 0.000000      |
| 50%   | 1.000000    | 351.000000  | 0.000000      |
| 75%   | 1.000000    | 790.000000  | 0.000000      |
| max   | 5.000000    | 990.000000  | 11.000000     |

Pandas 认为，数据只有 3 个定量列：Step、Union Code 和 Extended Step（步进、工会代码和增强步进）。先不说步进和增强步进，很明显工会代码不是定量的。虽然这一列是数，但这些数不代表数量，只代表某个工会的代码。因此需要做一些工作来理解我们感兴趣的特征。最值得注意的特征是一个定量列 Biweekly High Rate（双周最高工资）和一个定性列 Grade（工

作种类）。

```
salary_ranges = salary_ranges[['Biweekly High Rate', 'Grade']]
salary_ranges.head()
```

上面代码的执行结果如下所示。

| | Biweekly High Rate | Grade |
|---|---|---|
| 0 | $0.00 | 00000 |
| 1 | $15.00 | 00000 |
| 2 | $25.00 | 00000 |
| 3 | $50.00 | 00000 |
| 4 | $100.00 | 00000 |

我们清理一下数据，移除工资前面的美元符号，保证数据类型正确。当处理定量数据时，一般使用整数或浮点数作为类型（最好使用浮点数）；定性数据则一般使用字符串或 Unicode 对象。

```
# 删除工资的美元符号
salary_ranges['Biweekly High Rate'].describe()

count            1356
unique            593
top          $3460.00
freq               12
Name: Biweekly High Rate, dtype: object
```

我们可以用 Pandas 的 map 功能，将函数映射到整个数据集：

```
# 为了可视化，需要删除美元符号
salary_ranges['Biweekly High Rate'] = salary_ranges['Biweekly High Rate'].map(lambda
value: value.replace('$',''))

# 检查是否已删除干净
salary_ranges.head()
```

执行结果如下：

| | Biweekly High Rate | Grade |
|---|---|---|
| 0 | 0.00 | 00000 |
| 1 | 15.00 | 00000 |
| 2 | 25.00 | 00000 |
| 3 | 50.00 | 00000 |
| 4 | 100.00 | 00000 |

最后，将 Biweekly High Rate 列中的数据转换为浮点数：

```
# 将双周最高工资转换为浮点数
salary_ranges['Biweekly High Rate'] = salary_ranges['Biweekly High
Rate'].astype(float)
```

同时，将 Grade 列中的数据转换为字符串：

```
# 将工作种类转换为字符串
salary_ranges['Grade'] = salary_ranges['Grade'].astype(str)

# 检查转换是否生效
salary_ranges.info()

<class 'pandas.core.frame.DataFrame'>
RangeIndex: 1356 entries, 0 to 1355
Data columns (total 2 columns):
Biweekly High Rate      1356 non-null float64
Grade                   1356 non-null object
dtypes: float64(1), object(1)
memory usage: 21.3+ KB
```

可以看见，我们共有：

❑ 1356 行（和开始时相同）
❑ 2 列（我们选择的）

- **双周最高工资**：定量列，代表某个部门的平均最高工资
  ➢ 此列是定量的，因为其中的值是数，代表某人每两周的工资
  ➢ 数据类型是浮点数，因为进行了强制转换

- **工作种类**：工资对应的部门
  ➢ 此列肯定是定性的，因为代码代表一个部门，而不是数量
  ➢ 数据类型是对象，Pandas 会把字符串归为此类

为了进一步研究定量数据和定性数据，我们开始研究数据的 4 个等级。

## 2.3 数据的 4 个等级

我们已经可以将数据分为定量和定性的，但是还可以继续分类。数据的 4 个等级是：

❑ 定类等级（nominal level）
❑ 定序等级（ordinal level）
❑ 定距等级（interval level）
❑ 定比等级（ratio level）

每个等级都有不同的控制和数学操作等级。了解数据的等级十分重要，因为它决定了可以执行的可视化类型和操作。

## 2.3.1 定类等级

定类等级是数据的第一个等级，其结构最弱。这个等级的数据只按名称分类。例如，血型（A、B、O 和 AB 型）、动物物种和人名。这些数据都是定性的。

其他的例子包括：

❑ 在上面"旧金山工作工资"的数据集中，工作种类处于定类等级；
❑ 对于公司的访客名单，访客的姓和名处于定类等级；
❑ 实验中的动物物种处于定类等级。

**可以执行的数学操作**

对于每个等级，我们都会简要介绍可以执行的数学操作，以及不可以执行的数学操作。在这个等级上，不能执行任何定量数学操作，例如加法或除法。这些数学操作没有意义。因为没有加法和除法，所以在此等级上找不到平均值。当然了，没有"平均名"或"平均工作"这种说法。

但是，我们可以用 Pandas 的 value_counts 方法进行计数：

```
# 对工作种类进行计数
salary_ranges['Grade'].value_counts().head()

00000    61
07450    12
07170     9
07420     9
06870     9
Name: Grade, dtype: int64
```

出现最多的工作种类是 00000，意味着这个种类是**众数**，即最多的类别。因为能在定类等级上进行计数，所以可以绘制图表（如条形图）：

```
# 对工作种类绘制条形图
salary_ranges['Grade'].value_counts().sort_values(ascending=False).head(20).plot
(kind='bar')
```

以上代码的结果如下图所示。

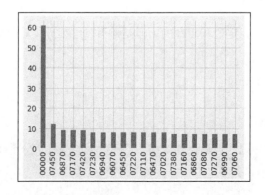

在定类等级上，也可以绘制饼图：

```
# 对工作种类绘制饼图（前 5 项）
salary_ranges['Grade'].value_counts().sort_values(ascending=False).head(5).plot
(kind='pie')
```

以上代码的结果如下图所示。

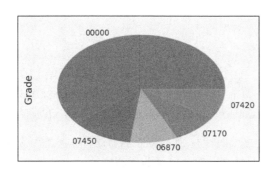

### 2.3.2　定序等级

定类等级为我们提供了很多进一步探索的方法。向上一级就到了定序等级。定序等级继承了定类等级的所有属性，而且有重要的附加属性：

❏ 定序等级的数据可以**自然排序**；
❏ 这意味着，可以认为列中的某些数据比其他数据更好或更大。

和定类等级一样，定序等级的天然数据属性仍然是类别，即使用数来表示类别也是如此。

**可以执行的数学操作**

和定类等级相比，定序等级多了一些新的能力。在定序等级，我们可以像定类等级那样进行计数，也可以引入比较和排序。因此，可以使用新的图表了。不仅可以继续使用条形图和饼图，而且因为能排序和比较，所以能计算中位数和百分位数。对于中位数和百分位数，我们可以绘制茎叶图和箱线图。

其他的例子包括：

❏ 使用李克特量表[①]（比如 1 ~ 10 的评分）；
❏ 考试的成绩（F、D、C、B、A）。

我们引入一个新的数据集来解释定序等级的数据。这个数据集表示多少人喜欢旧金山国际机

---

① 李克特量表（Likert scale）是调查研究中常用的心理反应量表，由一组陈述组成，每个陈述有从"非常同意"到"非常不同意"几种回答，由高到低计为不同的分数。——编者注

场（IATA 代码：SFO），也可以在旧金山的公开数据库中获取（https://data.sfgov.org/api/views/mjr8-p6m5/rows.csv?accessType=DOWNLOAD）。

```
# 导入数据集
customer = pd.read_csv('../data/2013_SFO_Customer_survey.csv')
```

这个 CSV 文件有很多列：

```
customer.shape
```

```
(3535, 95)
```

确切地说，是 95 列。有关这个数据集的更多信息，请参见网站上的数据字典（https://data.sfgov.org/api/views/mjr8-p6m5/files/FHnAUtMCD0C8CyLD3jqZ1-Xd1aap8L086KLWQ9SKZ_8?download=true&filename=AIR_DataDictionary_2013-SFO-Customer-Survey.pdf）。

现在，我们关注 Q7A_ART 这一列。如数据字典所述，Q7A_ART 是关于艺术品和展览的。可能的选择是 0、1、2、3、4、5、6，每个数字都有含义。

- ❏ 1：不可接受
- ❏ 2：低于平均
- ❏ 3：平均
- ❏ 4：不错
- ❏ 5：特别好
- ❏ 6：从未有人使用或参观过
- ❏ 0：空

可以这样表示：

```
art_ratings = customer['Q7A_ART']
art_ratings.describe()

count    3535.000000
mean        4.300707
std         1.341445
min         0.000000
25%         3.000000
50%         4.000000
75%         5.000000
max         6.000000
Name: Q7A_ART, dtype: float64
```

Pandas 把这个列当作数值处理了，因为这个列充满数。然而我们需要知道，虽然这些值是数，但每个数其实代表的是类别，所以该数据是定性的，更具体地说，是属于定序等级。如果删除 0 和 6 这两个类别，剩下的 5 个有序类别类似于餐厅的评分：

```
# 只考虑 1~5
art_ratings = art_ratings[(art_ratings>=1) & (art_ratings<=5)]
```

然后将这些值转换为字符串：

```
# 将值转换为字符串
art_ratings = art_ratings.astype(str)

art_ratings.describe()

count     2656
unique       5
top          4
freq      1066
Name: Q7A_ART, dtype: object
```

现在定序数据的格式是正确的，可以进行可视化：

```
# 像定类等级一样用饼图
art_ratings.value_counts().plot(kind='pie')
```

以上代码的结果如下图所示。

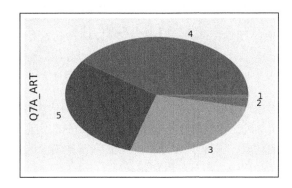

也可以将其可视化为条形图：

```
# 像定类等级一样用条形图
art_ratings.value_counts().plot(kind='bar')
```

以上代码的结果如下图所示。

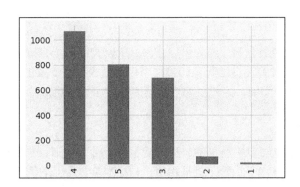

此外，在定序等级还可以引入箱线图：

```
# 定序等级也可以画箱线图
art_ratings.value_counts().plot(kind='box')
```

以上代码的结果如下图所示。

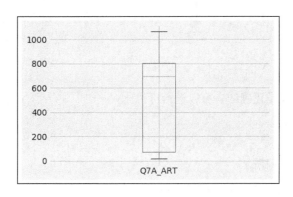

不可能将之前的 `Grade` 列画成箱线图，因为找不到中位数。

## 2.3.3　定距等级

我们开始加大火力了。在定类和定序等级，我们一直在处理定性数据。即使其内容是数，也不代表真实的数量。在定距等级，我们摆脱了这个限制，开始研究定量数据。在定距等级，数值数据不仅可以像定序等级的数据一样排序，而且值之间的差异也有意义。这意味着，在定距等级，我们不仅可以对值进行排序和比较，而且可以**加减**。

例子：

定距等级的一个经典例子是温度。如果美国得克萨斯州的温度是 32℃，阿拉斯加州的温度是 4℃，那么可以计算出 32－4＝28℃的温差。这个例子看上去简单，但是回首之前的两个等级，我们从未对数据执行过这种操作。

反例：

一个经典的反例是李克特量表。因为可以排序，所以我们把李克特量表归为定序等级。但是需要注意的是，对其做减法并没有意义。如果在李克特量表上将 5 减去 3，得出的结果 2 既不代表数字 2，也不代表 2 这个类别。因此，李克特量表的减法很困难。

**可以执行的数学操作**

请记住，在定距等级上可以进行加减，这改变了整个游戏规则。既然可以把值加在一起，就能引入两个熟悉的概念：**算术平均数**（就是均值）和**标准差**。为了举例说明，我们引入一个新的数据集，它是关于气候变化的：

```
# 加载数据集
climate = pd.read_csv('../data/GlobalLandTemperaturesByCity.csv')
climate.head()
```

为了更好地理解，我们看一下这个表格。

| | dt | AverageTemperature | AverageTemperatureUncertainty | City | Country | Latitude | Longitude |
|---|---|---|---|---|---|---|---|
| 0 | 1743-11-01 | 6.068 | 1.737 | Århus | Denmark | 57.05N | 10.33E |
| 1 | 1743-12-01 | NaN | NaN | Århus | Denmark | 57.05N | 10.33E |
| 2 | 1744-01-01 | NaN | NaN | Århus | Denmark | 57.05N | 10.33E |
| 3 | 1744-02-01 | NaN | NaN | Århus | Denmark | 57.05N | 10.33E |
| 4 | 1744-03-01 | NaN | NaN | Århus | Denmark | 57.05N | 10.33E |

这个数据集有 860 万行，每行代表某个城市某月的平均温度，上溯到 18 世纪。请注意，只看前 5 行，我们已经可以注意到有数据缺失了。把这些数据删除，美化一下结果：

```
# 移除缺失值
climate.dropna(axis=0, inplace=True)

climate.head()   # 检查是否已移除干净
```

看下表会更容易理解。

| | dt | AverageTemperature | AverageTemperatureUncertainty | City | Country | Latitude | Longitude |
|---|---|---|---|---|---|---|---|
| 0 | 1743-11-01 | 6.068 | 1.737 | Århus | Denmark | 57.05N | 10.33E |
| 5 | 1744-04-01 | 5.788 | 3.624 | Århus | Denmark | 57.05N | 10.33E |
| 6 | 1744-05-01 | 10.644 | 1.283 | Århus | Denmark | 57.05N | 10.33E |
| 7 | 1744-06-01 | 14.051 | 1.347 | Århus | Denmark | 57.05N | 10.33E |
| 8 | 1744-07-01 | 16.082 | 1.396 | Århus | Denmark | 57.05N | 10.33E |

用这行代码检查缺失值：

```
climate.isnull().sum()
```

```
dt                             0
AverageTemperature             0
AverageTemperatureUncertainty  0
City                           0
Country                        0
Latitude                       0
Longitude                      0
dtype: int64
```

```
# 没有问题
```

我们关注的是 AverageTemperature（平均温度）列。温度数据属于定距等级，这里不能使用条形图或饼图进行可视化，因为值太多了：

```
# 显示独特值的数量
climate['AverageTemperature'].nunique()

 111994
```

对 111 994 个值绘图非常奇怪，当然也没有必要，因为我们知道这些数是定量的。从这个级别开始，最常用的图是**直方图**。直方图是条形图的"近亲"，用不同的桶包含不同的数据，对数据的频率进行可视化。

对世界平均温度画一个直方图，从整体的角度看温度分布：

```
climate['AverageTemperature'].hist()
```

以上代码的结果如下图所示。

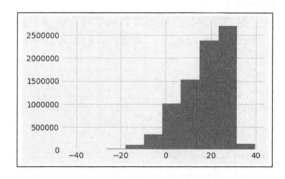

可以看到，平均温度约为 20℃。下面确认一下：

```
climate['AverageTemperature'].describe()

count    8.235082e+06
mean     1.672743e+01
std      1.035344e+01
min     -4.270400e+01
25%      1.029900e+01
50%      1.883100e+01
75%      2.521000e+01
max      3.965100e+01
Name: AverageTemperature, dtype: float64
```

很接近，均值大概是 17℃。我们继续处理数据，加入 year（年）和 century（世纪）两列，只观察美国的数据：

```
# 将 dt 栏转换为日期，取年份
climate['dt'] = pd.to_datetime(climate['dt'])
climate['year'] = climate['dt'].map(lambda value: value.year)

# 只看美国
climate_sub_us = climate.loc[climate['Country'] == 'United States']
```

```
climate_sub_us['century'] = climate_sub_us['year'].map(lambda x: int(x/100+1))
# 1983 变成 20
# 1750 变成 18
```

我们用新的 century 列，对每个世纪画直方图：

```
climate_sub_us['AverageTemperature'].hist(by=climate_sub_us['century'],
 sharex=True, sharey=True,
 figsize=(10, 10),
 bins=20)
```

以上代码的结果如下图所示。

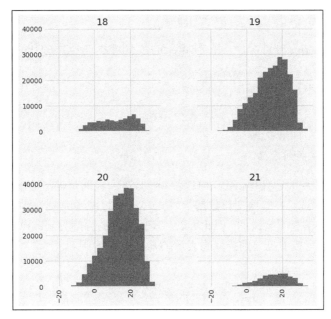

这 4 幅直方图显示 AverageTemperature 随时间略微上升。确认一下：

```
climate_sub_us.groupby('century')['AverageTemperature'].mean().plot(kind='line')
```

以上代码的结果如下图所示。

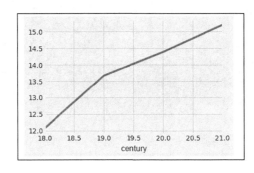

有意思！因为差值在这个等级是有意义的，所以我们可以回答美国从 18 世纪至今平均温度上升多少这个问题。先把随世纪变化的温度数据存储到 Pandas 的 Series 对象中：

```
century_changes =
climate_sub_us.groupby('century')['AverageTemperature'].mean()

century_changes

century
18    12.073243
19    13.662870
20    14.386622
21    15.197692
Name: AverageTemperature, dtype: float64
```

现在可以对这个 Series 进行切片，用 21 世纪的数据减去 18 世纪的数据，得到温差：

```
# 21 世纪的平均温度减去 18 世纪的平均温度
century_changes[21] - century_changes[18]

# 均值是 21 世纪的月平均温度减去 18 世纪的月平均温度
3.124449115460754
```

● **在定距等级绘制两列数据**

定距及更高等级的一大好处是，我们可以使用散点图：在两个轴上绘制两列数据，将数据点可视化为图像中真正的点。在气候变化数据集中，year 和 averageTemperature 列都属于定距等级，因为它们的差值是有意义的。因此可以对美国每月的温度绘制散点图，其中 $x$ 轴是年份，$y$ 轴是温度。我们希望可以看见之前折线图表示的升温趋势：

```
x = climate_sub_us['year']
y = climate_sub_us['AverageTemperature']
fig, ax = plt.subplots(figsize=(10,5))
ax.scatter(x, y)
plt.show()
```

以上代码的结果如下图所示。

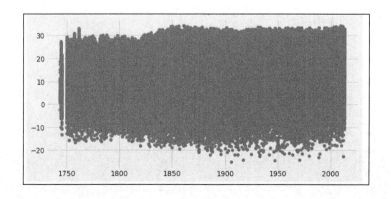

好像不怎么好看。和预期一样，里面有很多噪声。考虑到每年每个城镇都会报告好几个平均气温，在图上每年有很多点也是理所应当的。

我们用 groupby 清除年份的大部分噪声：

```
# 用groupby清除美国气温的噪声
climate_sub_us.groupby('year').mean()['AverageTemperature'].plot()
```

以上代码的结果如下图所示。

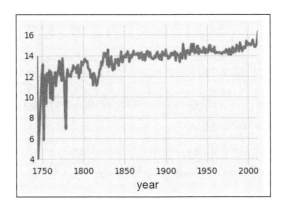

好多了！可以看出气温随年份上升的趋势，但是可以再用滑动均值（rolling mean）平滑一下：

```
# 用滑动均值平滑图像
climate_sub_us.groupby('year').mean()['AverageTemperature'].rolling(10).mean().plot()
```

以上代码的结果如下图所示。

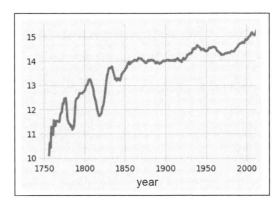

我们在定距等级同时绘制两列数据，重新确认了之前用折线图表示的内容：美国的平均气温总体的确有上升的趋势。

数据的定距等级为我们提供了全新的理解方式，但是还没有结束。

### 2.3.4　定比等级

最终，我们到达了最高的等级：定比等级。在这个等级上，可以说我们拥有最高程度的控制和数学运算能力。和定距等级一样，我们在定比等级上处理的也是定量数据。这里不仅继承了定距等级的加减运算，而且有了一个**绝对零点**的概念，可以做乘除运算。

**可以执行的数学操作**

在定比等级，我们可以进行乘除运算。虽然看起来没什么大不了，但是这些运算可以让我们对这个等级上的数据进行独特的观察，而这在低等级上是无法做到的。我们先看几个例子，了解一下这意味着什么。

例子：

当处理金融数据时，我们几乎肯定要计算一些货币的值。货币处于定比等级，因为"零资金"这个概念可以存在。那么我们就可以说：

❑ $100 是 $50 的**两倍**，因为 100 / 50 = 2；
❑ 10 mg 青霉素是 20 mg 青霉素的**一半**，因为 10 / 20 = 0.5。

因为存在 0 这个概念，所以这种比较是有意义的。

反例：

我们一般认为，温度属于定距等级，而不是定比等级，因为 100℃比 50℃高两倍这种说法没有意义，并不合理。温度是主观的，不是客观正确的。

有人会说摄氏度和华氏度都有一个起始点，因为这两个单位都可以转换为开尔文，而开尔文有零点。实际上，摄氏度和华氏度都允许负值存在，但是开尔文不允许。因此，摄氏度和华氏度都没有真正的零点，但是开尔文有。

回到旧金山的工资数据，可以看到 Biweekly High Rate 列处于定比等级，因而可以进行新的观察。先看一下最高的工资：

```
# 哪个工作种类的工资最高
# 每个工作种类的平均工资是多少
fig = plt.figure(figsize=(15,5))
ax = fig.gca()

salary_ranges.groupby('Grade')[['Biweekly High Rate']].mean().sort_values(
 'Biweekly High Rate', ascending=False).head(20).plot.bar(stacked=False, ax=ax,
color='darkorange')
ax.set_title('Top 20 Grade by Mean Biweekly High Rate')
```

以上代码的结果如下图所示。

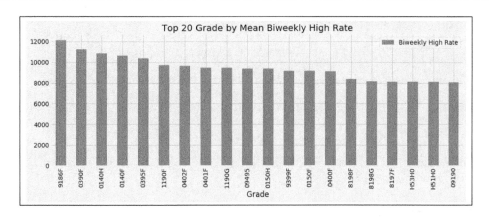

如果看一下旧金山的最高工资记录：

http://sfdhr.org/sites/default/files/documents/Classification-and-Compensation/Archives/Compensation-Manual-FY09-10.pdf [1]

会发现，工资最高的是**公共交通部总经理**（General Manager, Public Transportation Dept.）。我们用同样的办法查看工资最低的工作：

```
# 哪个工作种类的工资最低
fig = plt.figure(figsize=(15,5))
ax = fig.gca()

salary_ranges.groupby('Grade')[['Biweekly High Rate']].mean().sort_values(
 'Biweekly High Rate', ascending=False).tail(20).plot.bar(stacked=False, ax=ax,
color='darkorange')
ax.set_title('Bottom 20 Grade by Mean Biweekly High Rate')
```

以上代码的结果如下图所示。

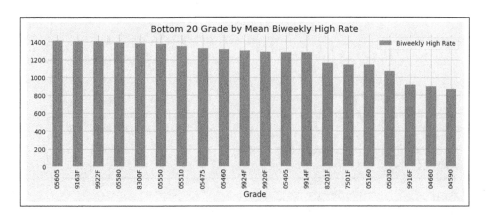

① 感谢旧金山政府人力资源部的 HR 分析师 Eliot Watt 对链接修正提供的帮助。

对照可知，工资最低的是**集会助理**（Camp Assistant）。

因为金钱处于定比等级，所以可以计算最高工资和最低工资的比值：

```
sorted_df = salary_ranges.groupby('Grade')[['Biweekly High Rate']].mean().sort_values(
 'Biweekly High Rate', ascending=False)
sorted_df.iloc[0][0] / sorted_df.iloc[-1][0]
```

```
13.931919540229886
```

工资最高的员工比工资最低的员工多赚近 13 倍。多亏了定比等级，我们才能知道这件事情！

## 2.4　数据等级总结

理解数据的不同等级对于特征工程是非常必要的。当需要构建新特征或修复旧特征时，我们必须有办法确定如何处理每一列。

下表言简意赅地总结了每个等级上可行与不可行的操作。

| 等级 | 属　　　性 | 例　子 | 描述性统计 | 图　表 |
|---|---|---|---|---|
| 定类 | 离散 | 二元响应（真或假） | 频率/占比 | 条形图 |
|  | 无序 | 人名 | 众数 | 饼图 |
|  |  | 油漆颜色 |  |  |
| 定序 | 有序类别 | 李克特量表 | 频率 | 条形图 |
|  | 比较 | 考试等级 | 众数 | 饼图 |
|  |  |  | 中位数 | 茎叶图 |
|  |  |  | 百分位数 |  |
| 定距 | 数字差别有意义 | 摄氏度/华氏度 | 频率 | 条形图 |
|  |  | 某些特殊的李克特量表 | 众数 | 饼图 |
|  |  |  | 中位数 | 茎叶图 |
|  |  |  | 均值 | 箱线图 |
|  |  |  | 标准差 | 直方图 |
| 定比 | 连续 | 金钱 | 均值 | 直方图 |
|  | 存在有意义的绝对零点，可以做除法（例如，$100 是 $50 的两倍） | 重量 | 标准差 | 箱线图 |

下表展示了每个等级上可行与不可行的统计类型。

| 统 计 量 | 定 类 | 定 序 | 定 距 | 定 比 |
|---|---|---|---|---|
| 众数 | √ | √ | √ | 有时可行 |
| 中位数 | × | √ | √ | √ |
| 差值、最小值、最大值 | × | √ | √ | √ |
| 均值 | × | × | √ | √ |
| 标准差 | × | × | √ | √ |

最后这张表显示了每个等级上可以或不可以绘制的图表。

| 图 表 | 定 类 | 定 序 | 定 距 | 定 比 |
|---|---|---|---|---|
| 条形图/饼图 | √ | √ | 有时可以 | × |
| 茎叶图 | × | √ | √ | √ |
| 箱线图 | × | √ | √ | √ |
| 直方图 | × | × | 有时可以 | √ |

当你拿到一个新的数据集时，下面是基本的工作流程。

(1) 数据有没有组织？数据是以表格形式存在、有不同的行列，还是以非结构化的文本格式存在？

(2) 每列的数据是定量的还是定性的？单元格中的数代表的是数值还是字符串？

(3) 每列处于哪个等级？是定类、定序、定距，还是定比？

(4) 我可以用什么图表？条形图、饼图、茎叶图、箱线图、直方图，还是其他？

下图是对以上逻辑的可视化。

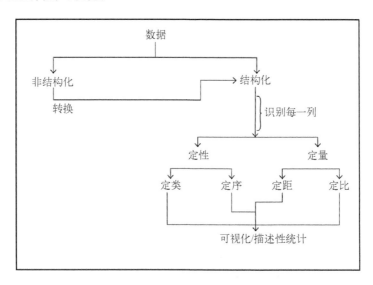

## 2.5　小结

　　了解我们要处理的特征是特征工程的基础。如果不理解拿到的数据，就不可能修复、创建和利用特征，不可能创建性能良好的机器学习流水线。本章中，我们可以在数据集中识别并提取不同等级的数据，并用这些信息创造有用、有意义的可视化图表，帮助我们进一步理解数据。

　　在下一章中，我们会利用有关数据等级的新知识来改进特征，并使用机器学习有效地衡量特征工程流水线的效果。

## 第 3 章

# 特征增强：清洗数据

在之前的两章中，我们从对特征工程的基本理解讲起，逐步介绍了如何使用特征工程优化机器学习流水线，对数据集进行实际操作，以及评估和理解实际应用中出现的不同数据类型。

本章将使用之前学到的知识，并且开始进一步修改我们的数据集。具体来说，我们将开始**清洗**和**增强**数据：前者是指调整已有的列和行，后者则是指在数据集中删除和添加新的列。和以往一样，所有这些操作的目标都是优化机器学习流水线。

在接下来的几章中，我们将：

- ❑ 识别数据中的缺失值；
- ❑ 删除有害数据；
- ❑ 输入（填充）缺失值；
- ❑ 对数据进行归一化/标准化；
- ❑ 构建新特征；
- ❑ 手动或自动选择（移除）特征；
- ❑ 使用数学矩阵计算将数据集转换到不同的维度。

这些方法会帮助我们更好地了解数据中的哪些特征更重要。本章将深入讨论前 4 种方法，后 3 种方法留到之后章节中讨论。

## 3.1 识别数据中的缺失值

特征增强的第一种方法是识别数据的缺失值，这可以让我们更好地明白如何使用真实世界中的数据。通常，数据集会因为各种原因有所缺失，例如调查时没有记录某些观察值等。分析数据并了解缺失的数据是什么至关重要，这样才可以决定下一步如何处理这些缺失值。首先，我们深入了解一下本章要使用的数据集——皮马印第安人糖尿病预测数据集。

### 3.1.1　皮马印第安人糖尿病预测数据集

此数据集来自 UCI 机器学习网站，可以在本书源代码文件中找到（data/pima.data）。先来了解一下这个公开数据集：数据有 9 列，共 768 个数据点（行）。这个数据集希望通过体检结果细节，预测 21 岁以上的女性皮马印第安人 5 年内是否会患糖尿病。

这个数据集和机器学习的二分类（两个类别）问题相对应。意思是，我们希望知道，**这个人 5 年内会不会得糖尿病？**数据每列的含义（按顺序）如下：

(1) 怀孕次数；

(2) 口服葡萄糖耐量试验中的 2 小时血浆葡萄糖浓度；

(3) 舒张压（mmHg）；

(4) 三头肌皮褶厚度（mm）；

(5) 2 小时血清胰岛素浓度（μU/ml）；

(6) 体重指数［BMI，即体重（kg）除以身高（m）的平方］；

(7) 糖尿病家族函数；

(8) 年龄（岁）；

(9) 类变量（0 或 1，代表无或有糖尿病）。

对于这个数据集，我们的目标是向机器学习函数输入 8 个特征值，来预测最后一列类变量的值，即此人是否患有糖尿病。

采用这个数据集有两点很重要的原因：

❑ 我们必须应对缺失值；

❑ 所有特征都是定量的。

对于本章而言第一点更有价值，因为我们的目的就是研究缺失值。本章只处理定量特征，因为目前没有足够的工具处理缺失的定性特征。下一章会研究特征构建，解决这个问题。

### 3.1.2　探索性数据分析

首先进行探索性数据分析（EDA，exploratory data analysis）来识别缺失的值。我们会使用 Pandas 和 NumPy 这两个得力的 Python 包来存储数据并进行一些简单的计算，还会使用流行的可视化工具来观察数据的分布情况。开始写一点代码吧。首先导入所需的包：

```
# 导入探索性数据分析所需的包
import pandas as pd # 存储表格数据
import numpy as np # 数学计算包
import matplotlib.pyplot as plt # 流行的数据可视化工具
import seaborn as sns  # 另一个流行的数据可视化工具
%matplotlib inline
plt.style.use('fivethirtyeight') # 流行的数据可视化主题
```

可以这样从 CSV 中导入数据：

```
# 使用 Pandas 导入数据
pima = pd.read_csv('../data/pima.data')

pima.head()
```

使用 head 方法可以观察数据的前几行。上面代码的输出如下表所示。

|  | 6 | 148 | 72 | 35 | 0 | 33.6 | 0.627 | 50 | 1 |
|---|---|---|---|---|---|---|---|---|---|
| 0 | 1 | 85 | 66 | 29 | 0 | 26.6 | 0.351 | 31 | 0 |
| 1 | 8 | 183 | 64 | 0 | 0 | 23.3 | 0.627 | 32 | 1 |
| 2 | 1 | 89 | 66 | 23 | 94 | 28.1 | 0.167 | 21 | 0 |
| 3 | 0 | 137 | 40 | 35 | 168 | 43.1 | 2.288 | 33 | 1 |
| 4 | 5 | 116 | 74 | 0 | 0 | 25.6 | 0.201 | 30 | 0 |

看起来不大对劲：表格没有列名。源数据的 CSV 文件肯定没有内置列的标题。没关系，可以用数据源网站的信息手动添加标题，代码如下：

```
pima_column_names = ['times_pregnant', 'plasma_glucose_concentration',
'diastolic_blood_pressure', 'triceps_thickness', 'serum_insulin', 'bmi',
'pedigree_function', 'age', 'onset_diabetes']

pima = pd.read_csv('../data/pima.data', names=pima_column_names)

pima.head()
```

再次使用 head 方法，各个列的标题都正确了。上面代码的输出如下表所示。

|  | times_pregnant | plasma_glucose_concentration | diastolic_blood_pressure | triceps_thickness | serum_insulin | bmi | pedigree_function | age | onset_diabetes |
|---|---|---|---|---|---|---|---|---|---|
| 0 | 6 | 148 | 72 | 35 | 0 | 33.6 | 0.627 | 50 | 1 |
| 1 | 1 | 85 | 66 | 29 | 0 | 26.6 | 0.351 | 31 | 0 |
| 2 | 8 | 183 | 64 | 0 | 0 | 23.3 | 0.672 | 32 | 1 |
| 3 | 1 | 89 | 66 | 23 | 94 | 28.1 | 0.167 | 21 | 0 |
| 4 | 0 | 137 | 40 | 35 | 168 | 43.1 | 2.288 | 33 | 1 |

看起来好多了，可以用列名做一些基本的统计、选择和可视化操作。先算一下空准确率[①]：

```
pima['onset_diabetes'].value_counts(normalize=True)
# 空准确率，65%的人没有糖尿病

0    0.651042
1    0.348958
Name: onset_diabetes, dtype: float64
```

---

① 空准确率是指当模型总是预测频率较高的类别时达到的正确率。——译者注

既然终极目标是研究数据的规律以预测是否会患糖尿病，那么可以对糖尿病患者和健康人的区别进行可视化。希望直方图可以显示一些规律，或者这两类之间的显著差异：

```
# 对 plasma_glucose_concentration 列绘制两类的直方图

col = 'plasma_glucose_concentration'
plt.hist(pima[pima['onset_diabetes']==0][col], 10, alpha=0.5, label='non-diabetes')
plt.hist(pima[pima['onset_diabetes']==1][col], 10, alpha=0.5, label='diabetes')
plt.legend(loc='upper right')
plt.xlabel(col)
plt.ylabel('Frequency')
plt.title('Histogram of {}'.format(col))
plt.show()
```

上面代码的输出如下图所示。

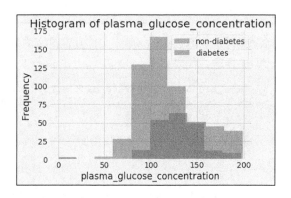

看起来患者和常人的血浆葡萄糖浓度（plasma_glucose_concentration）有很大的差异。我们继续按此绘制其他列的直方图：

```
for col in ['bmi', 'diastolic_blood_pressure', 'plasma_glucose_concentration']:
    plt.hist(pima[pima['onset_diabetes']==0][col], 10, alpha=0.5,
label='non-diabetes')
    plt.hist(pima[pima['onset_diabetes']==1][col], 10, alpha=0.5, label='diabetes')
    plt.legend(loc='upper right')
    plt.xlabel(col)
    plt.ylabel('Frequency')
    plt.title('Histogram of {}'.format(col))
    plt.show()
```

上面的代码会输出 3 张直方图。第一张直方图是两类（正常人和患者）的**身体质量指数**（BMI，body mass index）分布：

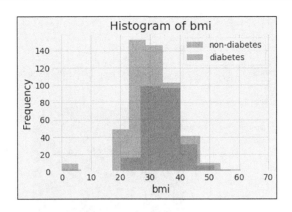

下一张直方图也表明两类人有显著区别，这次是在**舒张压**方面：

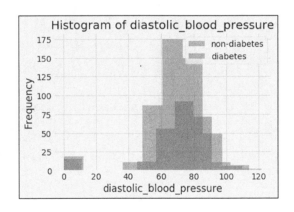

最后的直方图是**血浆葡萄糖浓度**方面的区别：

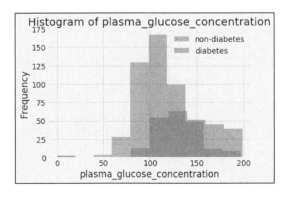

观察几张直方图后，可以看出两类人存在明显区别。例如，对于最终患有糖尿病的患者，其**血浆葡萄糖浓度**会有很大的增长。我们可以用线性相关矩阵来量化这些变量间的关系。用本章一开始导入的 Seaborn 作为可视化工具：

```
# 数据集相关矩阵的热力图
sns.heatmap(pima.corr())
# plasma_glucose_concentration 很明显是重要的变量
```

下图是数据集的相关矩阵，显示了皮马人数据集中不同列的相关性。输出如下图所示。

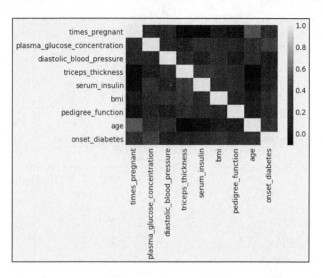

相关矩阵显示,plasma_glucose_concentration( 血浆葡萄糖浓度 )和 onset_diabetes（糖尿病）有很强的相关性。我们进一步研究 onset_diabetes 列的相关性数值：

```
pima.corr()['onset_diabetes'] # 相关矩阵
# plasma_glucose_concentration 很明显是重要的变量
```

```
times_pregnant                  0.221898
plasma_glucose_concentration    0.466581
diastolic_blood_pressure        0.065068
triceps_thickness               0.074752
serum_insulin                   0.130548
bmi                             0.292695
pedigree_function               0.173844
age                             0.238356
onset_diabetes                  1.000000
Name: onset_diabetes, dtype: float64
```

第 4 章会进一步研究相关性的各种功能，而目前**探索性数据分析**提示，plasma_glucose_concentration 是预测糖尿病的重要变量。

下一步更重要：我们要看看数据集中是否有数据点是空的（缺失值）。用 Pandas DataFrame 内置的 isnull()方法：

```
pima.isnull().sum()
```

```
times_pregnant                  0
```

```
plasma_glucose_concentration    0
diastolic_blood_pressure        0
triceps_thickness               0
serum_insulin                   0
bmi                             0
pedigree_function               0
age                             0
onset_diabetes                  0
dtype: int64
```

很好！数据中没有缺失值。继续探索数据，首先用 shape 方法看看数据的行数和列数：

```
pima.shape # (行数, 列数)
(768, 9)
```

我们确定数据有 9 列（包括要预测的变量）和 768 个观察值（行）。用下面的代码看看糖尿病的发病率：

```
pima['onset_diabetes'].value_counts(normalize=True)
# 空准确率, 65%的人没有糖尿病

0    0.651042
1    0.348958
Name: onset_diabetes, dtype: float64
```

65%的人没有糖尿病，35%的人有糖尿病。DataFrame 内置的 describe 方法可以提供数据基本的描述性统计：

```
pima.describe()  # 基本的描述性统计
```

输出如下表所示。

| | times_pregnant | plasma_glucose_concentration | diastolic_blood_pressure | triceps_thickness | serum_insulin | bmi | pedigree_function | age | onset_diabetes |
|---|---|---|---|---|---|---|---|---|---|
| count | 768.000000 | 768.000000 | 768.000000 | 768.000000 | 768.000000 | 768.000000 | 768.000000 | 768.000000 | 768.000000 |
| mean | 3.845052 | 120.894531 | 69.105469 | 20.536458 | 79.799479 | 31.992578 | 0.471876 | 33.240885 | 0.348958 |
| std | 3.369578 | 31.972618 | 19.355807 | 15.952218 | 115.244002 | 7.884160 | 0.331329 | 11.760232 | 0.476951 |
| min | 0.000000 | 0.000000 | 0.000000 | 0.000000 | 0.000000 | 0.000000 | 0.078000 | 21.000000 | 0.000000 |
| 25% | 1.000000 | 99.000000 | 62.000000 | 0.000000 | 0.000000 | 27.300000 | 0.243750 | 24.000000 | 0.000000 |
| 50% | 3.000000 | 117.000000 | 72.000000 | 23.000000 | 30.500000 | 32.000000 | 0.372500 | 29.000000 | 0.000000 |
| 75% | 6.000000 | 140.250000 | 80.000000 | 32.000000 | 127.250000 | 36.600000 | 0.626250 | 41.000000 | 1.000000 |
| max | 17.000000 | 199.000000 | 122.000000 | 99.000000 | 846.000000 | 67.100000 | 2.420000 | 81.000000 | 1.000000 |

表格里有基本的统计量，例如均值、标准差，以及一些百分位数据。但是，请注意：BMI 的最小值是 0。这是有悖医学常识的，肯定事出有因。也许数据中缺失或不存在的点都用 0 填充了。继续观察，我们发现以下列的最小值都是 0：

❑ times_pregnant

❑ plasma_glucose_concentration

❑ diastolic_blood_pressure

❑ triceps_thickness
❑ serum_insulin
❑ bmi
❑ onset_diabetes

因为 onset_diabetes 中的 0 代表没有糖尿病，人也可以怀孕 0 次，所以可以得出结论，下面这些列中的缺失值用 0 填充了：

❑ plasma_glucose_concentration
❑ diastolic_blood_pressure
❑ triceps_thickness
❑ serum_insulin
❑ bmi

数据中还是存在缺失值的！我们已经知道缺失的数据用 0 填充过了，真不走运。作为数据科学家，你必须时刻保持警惕，尽可能地了解数据集，以便找到使用其他符号填充的缺失数据。务必阅读公开数据集的所有文档，里面有可能提到了缺失数据的问题。

如果数据集没有文档，缺失值的常见填充方法有：

❑ 0（数值型）
❑ unknown 或 Unknown（类别型）
❑ ?（类别型）

我们知道数据集中有 5 列存在缺失值，现在就开始深入研究如何解决这个问题。

## 3.2   处理数据集中的缺失值

在处理数据时，数据科学家遇到的最常见问题之一就是存在缺失值。最常见的情况是某个单元格（行列交叉点）是空白的，数据出于某种原因没有被收集到。缺失值会引发很多问题，最重要的是，大部分（不是全部的）学习算法不能处理缺失值。

因此，数据科学家和机器学习工程师有很多处理缺失值的办法和技巧。虽然办法有很多变种，但是两个最主要的处理方法是：

❑ 删除缺少值的行；
❑ 填充缺失值。

这两种办法都会清洗我们的数据集，让算法可以处理，但是每种办法都各有优缺点。

在进一步处理前，先用 Python 中的 None 填充所有的数字 0，这样 Pandas 的 fillna 和 dropna

方法就可以正常工作了。我们可以手动将每列的 0 替换成 None，方法如下：

```
# 被错误填充的缺失值是 0
pima['serum_insulin'].isnull().sum()

0

pima['serum_insulin'] = pima['serum_insulin'].map(lambda x:x if x != 0 else None)
# 用 None 手动替换 0

pima['serum_insulin'].isnull().sum()
# 检查缺失值数量

374
```

既可以手动一列列地操作，也可以用 for 循环和内置的 replace 方法加速，代码如下：

```
# 直接对所有列操作，快一些

columns = ['serum_insulin', 'bmi', 'plasma_glucose_concentration',
'diastolic_blood_pressure', 'triceps_thickness']

for col in columns:
    pima[col].replace([0], [None], inplace=True)
```

如果现在用 isnull 方法计算缺失值的数量，应该可以看见正确的结果：

```
pima.isnull().sum()   # 现在有意义多了

times_pregnant                    0
plasma_glucose_concentration      5
diastolic_blood_pressure         35
triceps_thickness               227
serum_insulin                   374
bmi                              11
pedigree_function                 0
age                               0
onset_diabetes                    0
dtype: int64


pima.head()
```

现在数据的前几行应该如下表所示。

| | times_pregnant | plasma_glucose_concentration | diastolic_blood_pressure | triceps_thickness | serum_insulin | bmi | pedigree_function | age | onset_diabetes |
|---|---|---|---|---|---|---|---|---|---|
| 0 | 6 | 148 | 72 | 35 | NaN | 33.6 | 0.627 | 50 | 1 |
| 1 | 1 | 85 | 66 | 29 | NaN | 26.6 | 0.351 | 31 | 0 |
| 2 | 8 | 183 | 64 | None | NaN | 23.3 | 0.672 | 32 | 1 |
| 3 | 1 | 89 | 66 | 23 | NaN | 28.1 | 0.167 | 21 | 0 |
| 4 | 0 | 137 | 40 | 35 | NaN | 43.1 | 2.288 | 33 | 1 |

现在数据有意义多了。我们可以看见其中 5 列有缺失值，缺失程度有所不同。有些列，例如 plasma_glucose_concentration 只缺少 5 个值，但是 serum_insulin 差不多一半的值都是缺失的。

我们已经将缺失值正确插入了数据集，缺失数据不再是原来的占位符 0。这样探索性数据分析也会更准确：

```
pima.describe()   # 进行一些描述性统计
```

以上代码的输出如下表所示。

|  | times_pregnant | serum_insulin | pedigree_function | age | onset_diabetes |
|---|---|---|---|---|---|
| count | 768.000000 | 394.000000 | 768.000000 | 768.000000 | 768.000000 |
| mean | 3.845052 | 155.548223 | 0.471876 | 33.240885 | 0.348958 |
| std | 3.369578 | 118.775855 | 0.331329 | 11.760232 | 0.476951 |
| min | 0.000000 | 14.000000 | 0.078000 | 21.000000 | 0.000000 |
| 25% | 1.000000 | 76.250000 | 0.243750 | 24.000000 | 0.000000 |
| 50% | 3.000000 | 125.000000 | 0.372500 | 29.000000 | 0.000000 |
| 75% | 6.000000 | 190.000000 | 0.626250 | 41.000000 | 1.000000 |
| max | 17.000000 | 846.000000 | 2.420000 | 81.000000 | 1.000000 |

注意 describe 方法不包括有缺失值的列。尽管不理想，但还是可以对某些列取均值和标准差：

```
pima['plasma_glucose_concentration'].mean(), pima['plasma_glucose_concentration'].std()

(121.6867627785059, 30.53564107280403)
```

现在开始介绍两种处理缺失值的方式。

### 3.2.1　删除有害的行

在处理缺失数据的两种办法中，最常见也最容易的方法大概是直接删除存在缺失值的行。通过这种操作，我们会留下具有数据的**完整**数据点。可以在 Pandas 中利用 dropna 方法获取新的 DataFrame，如下所示：

```
# 删除存在缺失值的行
pima_dropped = pima.dropna()
```

当然，现在的问题是我们丢失了一些行。用下面的代码检查删除了多少行：

```
num_rows_lost = round(100*(pima.shape[0] - pima_dropped.shape[0])/float(pima.shape[0]))

print("retained {}% of rows".format(num_rows_lost))
# 大部分行都丢了

retained 49% of rows
```

我们丢失了原始数据集中大约51%的行!从机器学习的角度考虑,尽管数据都有值、很干净,但是我们没有利用尽可能多的数据,忽略了一半以上的观察值。就像医生在研究心脏病发作原理时,忽略了一半以上的患者。

下面对数据集做进一步的探索性数据分析,比较一下丢弃缺失值前后的统计数据:

```
# 丢弃缺失值前后的探索性数据分析

# 分成 True 和 False 两组
pima['onset_diabetes'].value_counts(normalize=True)

0    0.651042
1    0.348958
Name: onset_diabetes, dtype: float64
```

看一下丢弃数据后的统计数据,如下面代码所示:

```
pima_dropped['onset_diabetes'].value_counts(normalize=True)

0    0.668367
1    0.331633
Name: onset_diabetes, dtype: float64

# 前后的 True 和 False 比例差不多
```

在大刀阔斧的转换后,二元响应看起来没什么变化。我们用 pima.mean 函数比较一下转换前后列的均值,看看数据的形状,结果如下:

```
# 每列的均值 (不算缺失值)
pima.mean()

times_pregnant                   3.845052
plasma_glucose_concentration   121.686763
diastolic_blood_pressure        72.405184
triceps_thickness               29.153420
serum_insulin                  155.548223
bmi                             32.457464
pedigree_function                0.471876
age                             33.240885
onset_diabetes                   0.348958
dtype: float64
```

用 pima_dropped.mean() 函数同样看一下丢弃缺失值后的统计数据,结果如下:

```
# 每列的均值 (删除缺失值)
pima_dropped.mean()

times_pregnant                   3.301020
plasma_glucose_concentration   122.627551
diastolic_blood_pressure        70.663265
triceps_thickness               29.145408
serum_insulin                  156.056122
```

```
bmi                             33.086224
pedigree_function                0.523046
age                             30.864796
onset_diabetes                   0.331633
dtype: float64
```

为了更好地了解这些数的变化，我们创建一个新图表，将每列均值变化的百分比可视化。首先创建一个表格，列出每列均值变化的百分比，如下方代码所示：

```
# 均值变化百分比
(pima_dropped.mean() - pima.mean()) / pima.mean()
```

```
times_pregnant                 -0.141489
plasma_glucose_concentration    0.007731
diastolic_blood_pressure       -0.024058
triceps_thickness              -0.000275
serum_insulin                   0.003265
bmi                             0.019372
pedigree_function               0.108439
age                            -0.071481
onset_diabetes                 -0.049650
dtype: float64
```

现在用条形图对这些变化进行可视化：

```
# 均值变化百分比条形图
ax = ((pima_dropped.mean() - pima.mean()) / pima.mean()).plot(kind='bar', title='%
change in average column values')
ax.set_ylabel('% change')
```

以上代码的输出如下图所示。

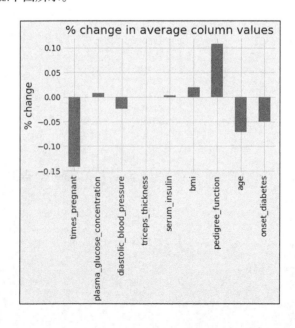

可以看到，`times_pregnant`（怀孕次数）的均值在删除缺失值后下降了 14%，变化很大！`pedigree_function`（糖尿病血系功能）也上升了 11%，也是个飞跃。可以看到，删除行（观察值）会严重影响数据的形状，所以应该保留尽可能多的数据。在介绍下一个处理方法前，我们先进行一些机器学习。

类似于下面的代码块（稍后会一行行地讲解）将在本书中多次出现。这段代码基于目前的特征描述并实现了机器学习在多个参数上的一次拟合，希望取得最佳模型：

```python
# 开始机器学习

# 注意使用删除缺失值后的数据

from sklearn.neighbors import KNeighborsClassifier
from sklearn.model_selection import GridSearchCV

X_dropped = pima_dropped.drop('onset_diabetes', axis=1)
# 删除响应变量，建立特征矩阵
print("learning from {} rows".format(X_dropped.shape[0]))
y_dropped = pima_dropped['onset_diabetes']


# 网格搜索所需的变量和实例

# 需要试验的 KNN 模型参数
knn_params = {'n_neighbors':[1, 2, 3, 4, 5, 6, 7]}

knn = KNeighborsClassifier() # 设置 KNN 模型

grid = GridSearchCV(knn, knn_params)
grid.fit(X_dropped, y_dropped)

print(grid.best_score_, grid.best_params_)
# 但是我们只学习了很少的行
```

下面一行行研究。首先是两行导入语句：

```python
from sklearn.neighbors import KNeighborsClassifier
from sklearn.model_selection import GridSearchCV
```

我们会使用 scikit-learn 的 K 最近邻（KNN，k-nearest neighbor）分类模型，以及一个网格搜索模块。这个模块会自动找到最适合我们模型的、交叉验证准确率最好的 KNN 参数组合（暴力搜索）。接下来，用删除缺失值后的数据集为预测模型创建一个 X 和一个 y 变量。我们从 X（特征矩阵）开始：

```python
X_dropped = pima_dropped.drop('onset_diabetes', axis=1)
# 删除响应变量，取得特征矩阵
print("learning from {} rows".format(X_dropped.shape[0]))

learning from 392 rows
```

现在已经看出问题了：机器学习算法使用的数据比一开始拿到的数据少得多。然后创建一个 y（响应变量）：

```
y_dropped = pima_dropped['onset_diabetes']
```

有了 X 和 y 变量，就可以为**网格搜索**创建需要的参数和实例了。为了简便起见，我们将 params（参数）的数量设成 7。对于要尝试的每一种数据清洗和特征工程方法（删除行，填充数据），都用 1~7 个邻居进行拟合。我们可以这样设置模型：

```
# 开始网格搜索变量

# KNN 参数

knn_params = {'n_neighbors':[1, 2, 3, 4, 5, 6, 7]}
```

然后实例化一个网格搜索模块，如以下代码所示，并用特征矩阵和响应变量进行拟合。拟合后，代码会打印出最佳准确率，以及相应的最佳参数：

```
knn = KNeighborsClassifier() # 设置 KNN 模型

grid = GridSearchCV(knn, knn_params)
grid.fit(X_dropped, y_dropped)

print(grid.best_score_, grid.best_params_)
# 但是我们只学习了很少的行

0.7448979591836735 {'n_neighbors': 7}
```

看来，最好的邻居数是 7 个，此时 KNN 模型的准确率是 74.5%（比空准确率 65% 好）。但是要记住，这个模型只用了 49% 的数据，如果能用到所有数据，会不会更好一些？

这是我们在本书中第一次接触机器学习。我们假设读者对机器学习有基本的认识，并且了解基本的统计过程，例如交叉验证。

很明显，虽然删除**脏**数据并不完全是特征工程，但这种操作的确是一种数据清洗技术，有助于清洗机器学习流水线的输入。接下来尝试一个稍难的办法。

## 3.2.2  填充缺失值

填充数据是处理缺失值的一种更复杂的方法。**填充**指的是利用现有知识/数据来确定缺失的数量值并填充的行为。我们有几个选择，最常见的是用此列其余部分的均值填充缺失值，如下所示：

```
pima.isnull().sum()  # 填充血浆列

times_pregnant                    0
plasma_glucose_concentration      5
diastolic_blood_pressure          35
triceps_thickness                 227
serum_insulin                     374
```

```
bmi                           11
pedigree_function              0
age                            0
onset_diabetes                 0
dtype: int64
```

看一下 `plasma_glucose_concentration` 列的 5 个缺失值：

```
empty_plasma_index = pima[pima['plasma_glucose_concentration'].isnull()].index
pima.loc[empty_plasma_index]['plasma_glucose_concentration']
```

```
75     None
182    None
342    None
349    None
502    None
Name: plasma_glucose_concentration, dtype: object
```

现在可以用内置的 `fillna` 方法，将所有的 None 填充为 plasma_glucose_concentration 列其余数据的均值：

```
pima['plasma_glucose_concentration'].fillna(pima['plasma_glucose_concentration'].
mean(), inplace=True)
# 用此列其他数据的均值填充

pima.isnull().sum()    # 现在应该没有缺失值了
```

```
times_pregnant                 0
plasma_glucose_concentration   0
diastolic_blood_pressure      35
triceps_thickness            227
serum_insulin                374
bmi                           11
pedigree_function              0
age                            0
onset_diabetes                 0
dtype: int64
```

如果查看各列，应该会发现原来的 None 被 121.68 取代了，这个值就是该列的均值：

```
pima.loc[empty_plasma_index]['plasma_glucose_concentration']
```

```
75     121.686763
182    121.686763
342    121.686763
349    121.686763
502    121.686763
Name: plasma_glucose_concentration, dtype: float64
```

厉害！但是这样有点麻烦。我们用 scikit-learn 预处理类的 Imputer 模块（文档位于 http://scikit-learn.org/stable/modules/classes.html#module-sklearn.preprocessing），称它为"填充器"名副其实。可以这样导入：

```
from sklearn.preprocessing import Imputer
```

和大部分 scikit-learn 模块一样，我们有几个新的参数可以调节，但是主要关注 strategy。这个参数可以调节如何填充缺失值。对于定量值，可以使用内置的均值或中位数策略来填充值。为了使用 Imputer，必须先实例化对象，方法如下：

```
imputer = Imputer(strategy='mean')
```

然后调用 fit_transform 方法创建新对象：

```
pima_imputed = imputer.fit_transform(pima)
```

我们有个小问题要处理。Imputer 的输出值不是 Pandas 的 DataFrame，而是 NumPy 数组：

```
type(pima_imputed)    # 是数组

numpy.ndarray
```

解决方法很简单，因为我们可以将任何数组直接变成 DataFrame，方法如下：

```
pima_imputed = pd.DataFrame(pima_imputed, columns=pima_column_names)
# 将数组转换回 Pandas 的 DataFrame 对象
```

来看看新的 DataFrame：

```
pima_imputed.head()    # 注意 triceps_thickness 的缺失值被 29.15342 替代
```

输出结果如下表所示。

| | times_pregnant | plasma_glucose_concentration | diastolic_blood_pressure | triceps_thickness | serum_insulin | bmi | pedigree_function | age | onset_diabetes |
|---|---|---|---|---|---|---|---|---|---|
| 0 | 6.0 | 148.0 | 72.0 | 35.00000 | 155.548223 | 33.6 | 0.627 | 50.0 | 1.0 |
| 1 | 1.0 | 85.0 | 66.0 | 29.00000 | 155.548223 | 26.6 | 0.351 | 31.0 | 0.0 |
| 2 | 8.0 | 183.0 | 64.0 | 29.15342 | 155.548223 | 23.3 | 0.672 | 32.0 | 1.0 |
| 3 | 1.0 | 89.0 | 66.0 | 23.00000 | 94.000000 | 28.1 | 0.167 | 21.0 | 0.0 |
| 4 | 0.0 | 137.0 | 40.0 | 35.00000 | 168.000000 | 43.1 | 2.288 | 33.0 | 1.0 |

我们检查一下 plasma_glucose_concentration 列，确保填充的值和之前手动计算的值相同：

```
pima_imputed.loc[empty_plasma_index]['plasma_glucose_concentration']
# 和 fillna 的填充相同

75     121.686763
182    121.686763
342    121.686763
349    121.686763
502    121.686763
Name: plasma_glucose_concentration, dtype: float64
```

最后检查一下，DataFrame 不应该有缺失值，方法如下：

```
pima_imputed.isnull().sum()    # 没有缺失值

times_pregnant                 0
```

```
plasma_glucose_concentration    0
diastolic_blood_pressure        0
triceps_thickness               0
serum_insulin                   0
bmi                             0
pedigree_function               0
age                             0
onset_diabetes                  0
dtype: int64
```

好极了！Imputer 在很大程度上解决了填充缺失值的琐事。我们尝试填充一些别的值，看看对 KNN 模型的影响。首先尝试一种更简单的填充方法，用 0 替代所有的缺失值：

```
pima_zero = pima.fillna(0) # 用 0 填充

X_zero = pima_zero.drop('onset_diabetes', axis=1)
print("learning from {} rows".format(X_zero.shape[0]))
y_zero = pima_zero['onset_diabetes']

knn_params = {'n_neighbors':[1, 2, 3, 4, 5, 6, 7]}
grid = GridSearchCV(knn, knn_params)
grid.fit(X_zero, y_zero)

print(grid.best_score_, grid.best_params_ )
# 用 0 填充准确率下降

learning from 768 rows
0.7330729166666666 {'n_neighbors': 6}
```

如果用 0 填充，准确率会低于直接删掉有缺失值的行。目前，我们的目标是建立一个可以从全部 768 行中学习的机器学习流水线，而且比仅用 392 行的结果还好。也就是说，我们的结果要好于 0.745，即 74.5%。

### 3.2.3　在机器学习流水线中填充值

如果想把 Imputer 转移到机器学习流水线上，我们需要简要了解一下关于流水线的话题。

**机器学习流水线**

在机器学习这一语境中讨论**流水线**的时候，一般指的是在被解读为最终输出之前，原始数据不仅仅进入一种学习算法，而且会经过各种预处理步骤，乃至多种学习算法。因为机器学习流水线通常有很多步，会对数据进行转换和预测，所以 scikit-learn 有一个用于构建流水线的内置模块。

用 Imputer 类填充值的时候不使用流水线其实是很**不恰当**的，因此流水线尤其重要。这是因为学习算法的目标是泛化训练集的模式并将其应用于测试集。如果在划分数据集和应用算法之前直接对整个数据集填充值，我们就是在作弊，模型其实学不到任何模式。为了将这个概念可视化，我们对训练集和测试集进行一次划分，在交叉验证中可能会进行多次划分。

复制一份皮马印第安人数据集，从 scikit-learn 中导入一个划分模块：

```
from sklearn.model_selection import train_test_split

X = pima[['serum_insulin']].copy()
y = pima['onset_diabetes'].copy()

X.isnull().sum()

serum_insulin    374
dtype: int64
```

现在进行一次划分。在划分前，对整个数据集填充变量 x 的均值，代码如下：

```
# 不恰当的做法：在划分前填充值

entire_data_set_mean = X.mean()        # 取整个数据集的均值
X = X.fillna(entire_data_set_mean)  # 填充缺失值
print(entire_data_set_mean)

serum_insulin    155.548223
dtype: float64

# 使用一个随机状态，使每次检查的划分都一样
X_train, X_test, y_train, y_test = train_test_split(X, y, random_state=99)
```

用 KNN 模型拟合训练集和测试集：

```
knn = KNeighborsClassifier()

knn.fit(X_train, y_train)

knn.score(X_test, y_test)

0.65625 # 不恰当做法的准确率
```

注意我们没有进行任何网格搜索，只做了简单的拟合。可以看见，模型的准确率是 66%（并不好，但这不是重点）。重点是，训练集和测试集都是用整个 x 矩阵的均值填充的。这违反了机器学习流程的核心原则。当预测测试集的响应值时，不能假设我们已经知道了整个数据集的均值。简而言之，我们的 KNN 模型利用了测试集的信息以拟合训练集，所以亮红灯了。

 如果想了解关于流水线以及为何需要流水线的更多信息，请参阅《数据科学原理》一书。

现在用恰当的方法再做一遍。我们先计算出训练集的均值，然后用它填充测试集的缺失值。这个过程再一次测试了模型用训练数据的均值预测未知测试集的能力：

```
# 恰当的做法：在划分后填充值
from sklearn.model_selection import train_test_split

X = pima[['serum_insulin']].copy()
```

```
y = pima['onset_diabetes'].copy()

# 使用相同的随机状态，保证划分不变
X_train, X_test, y_train, y_test = train_test_split(X, y, random_state=99)

X.isnull().sum()

serum_insulin     374
dtype: int64
```

这里不取整个 X 矩阵的均值，而是用训练集的均值填充训练集和测试集的缺失值：

```
training_mean = X_train.mean()
X_train = X_train.fillna(training_mean)
X_test = X_test.fillna(training_mean)

print(training_mean)

serum_insulin     158.546053
dtype: float64
# 不是整个数据集的均值，它高得多
```

最后，给在同一个数据集上正确填充缺失值的 KNN 模型打分：

```
knn = KNeighborsClassifier()

knn.fit(X_train, y_train)

print(knn.score(X_test, y_test))

0.4895833333333333
# 低一些，但是比之前的更诚实，更能表示泛化能力
```

准确率的确低得多，但是至少更诚实地代表了模型的泛化能力，即从训练集的特征中学习并将所学应用到未知隐藏数据上的能力。通过为机器学习流水线的各个步骤提供结构和顺序，scikit-learn让搭建流水线变得更加容易。下面看看如何结合使用 scikit-learn 的 Pipeline 和 Imputer：

```
from sklearn.pipeline import Pipeline

knn_params = {'classify__n_neighbors':[1, 2, 3, 4, 5, 6, 7]}
# 必须重新定义参数以符合流水线

knn = KNeighborsClassifier()  # 实例化 KNN 模型

mean_impute = Pipeline([('imputer', Imputer(strategy='mean')), ('classify', knn)])

X = pima.drop('onset_diabetes', axis=1)
y = pima['onset_diabetes']

grid = GridSearchCV(mean_impute, knn_params)
grid.fit(X, y)

print(grid.best_score_, grid.best_params_)
```

```
mean_impute = Pipeline([('imputer', Imputer(strategy='mean')), ('classify', knn)])

0.731770833333 {'classify__n_neighbors': 6}
```

有几件事需要注意。

第一，我们的 Pipeline 分两步：

❑ 拥有 strategy='mean' 的 Imputer；
❑ KNN 类型的分类器。

第二，要为网格搜索重新定义 param 字典，因为必须明确 n_neighbors 参数所属的步骤：

```
knn_params = {'classify__n_neighbors':[1, 2, 3, 4, 5, 6, 7]}
```

除此之外，其他一切都很平常。Pipeline 类会替我们处理大部分流程：可以恰当地从多个训练集取值并用其填充测试集的缺失值，还可以正确测试 KNN 的泛化能力，最终输出性能最佳的模型。本例中的准确率是 0.73，略微低于我们的目标 0.745。了解这一语法后，我们可以重写一遍代码，但是略作修改，如下所示：

```
knn_params = {'classify__n_neighbors':[1, 2, 3, 4, 5, 6, 7]}

knn = KNeighborsClassifier() # 实例化 KNN 模型

median_impute = Pipeline([('imputer', Imputer(strategy='median')), ('classify',
knn)])
X = pima.drop('onset_diabetes', axis=1)
y = pima['onset_diabetes']

grid = GridSearchCV(median_impute, knn_params)
grid.fit(X, y)

print(grid.best_score_, grid.best_params_)
```

这里唯一的区别是，我们的流水线尝试了一种不同的填充策略：用剩余值的**中位数**填充缺失值。重申一下，这里的准确率可能比完全删除存在缺失值的行更差，但是我们的训练数据是之前的两倍！况且，这个办法还是比一开始所有数据都是 0 要好。

我们花一分钟时间回顾一下使用恰当流水线的得分。

| 流水线描述 | 训练行数 | 交叉验证准确率 |
| --- | --- | --- |
| 删除缺失值 | 392 | 0.74489 |
| 用 0 填充 | 768 | 0.7330 |
| 用均值填充 | 768 | 0.7318 |
| 用中位数填充 | 768 | 0.7357 |

如果只看准确率，最好的办法似乎是删掉有缺失值的行。也许只靠 scikit-learn 的 Pipeline 和 Imputer 还不够。如果有可能，我们还是希望利用全部 768 行的实现类似的性能，甚至更好。为此，我们引入全新的特征工程技巧：标准化和归一化。

## 3.3 标准化和归一化

到目前为止,我们已经知道了如何识别数据类型,如何识别缺失值,以及如何处理缺失值。现在继续讨论如何处理数据(和特征),以进一步增强机器学习流水线。目前,我们已经用过 4 种不同的方式处理数据集,最佳的 KNN 交叉验证准确率是 0.745。如果回头看之前的探索性数据分析,会发现一些特征的性质:

```
impute = Imputer(strategy='mean')
# 填充所有的缺失值

pima_imputed_mean = pd.DataFrame(impute.fit_transform(pima),
columns=pima_column_names)
```

用标准直方图查看所有 9 列的分布情况,指定一个图像大小:

```
pima_imputed_mean.hist(figsize=(15, 15))
```

以上代码的输出如下图所示。

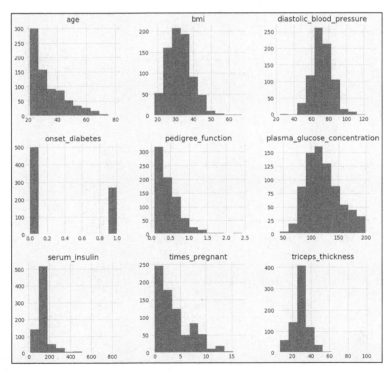

很好,但是你注意到什么了吗?每列的均值、最小值、最大值和标准差差别很大。通过 describe 方法也可以看到很明显的差别:

```
pima_imputed_mean.describe()
```

结果如下表所示。

| | times_pregnant | plasma_glucose_concentration | diastolic_blood_pressure | triceps_thickness | serum_insulin | bmi | pedigree_function | age | onset_diabetes |
|---|---|---|---|---|---|---|---|---|---|
| count | 768.000000 | 768.000000 | 768.000000 | 768.000000 | 768.000000 | 768.000000 | 768.000000 | 768.000000 | 768.000000 |
| mean | 3.845052 | 121.686763 | 72.405184 | 29.153420 | 155.548223 | 32.457464 | 0.471876 | 33.240885 | 0.348958 |
| std | 3.369578 | 30.435949 | 12.096346 | 8.790942 | 85.021108 | 6.875151 | 0.331329 | 11.760232 | 0.476951 |
| min | 0.000000 | 44.000000 | 24.000000 | 7.000000 | 14.000000 | 18.200000 | 0.078000 | 21.000000 | 0.000000 |
| 25% | 1.000000 | 99.750000 | 64.000000 | 25.000000 | 121.500000 | 27.500000 | 0.243750 | 24.000000 | 0.000000 |
| 50% | 3.000000 | 117.000000 | 72.202592 | 29.153420 | 155.548223 | 32.400000 | 0.372500 | 29.000000 | 0.000000 |
| 75% | 6.000000 | 140.250000 | 80.000000 | 32.000000 | 155.548223 | 36.600000 | 0.626250 | 41.000000 | 1.000000 |
| max | 17.000000 | 199.000000 | 122.000000 | 99.000000 | 846.000000 | 67.100000 | 2.420000 | 81.000000 | 1.000000 |

这有什么关系呢？因为一些机器学习模型受数据**尺度**（scale）的影响很大。这意味着如果 diastolic_blood_pressure 列的舒张压在 24～122，但是年龄是 21～81，那么算法不会达到最优化状态。我们可以在直方图方法中调用可选的 sharex 和 sharey 参数，在同一比例下查看每个图表：

```
pima_imputed_mean.hist(figsize=(15, 15), sharex=True)
# x 轴相同（y 轴不重要）
```

以上代码的输出如下图所示。

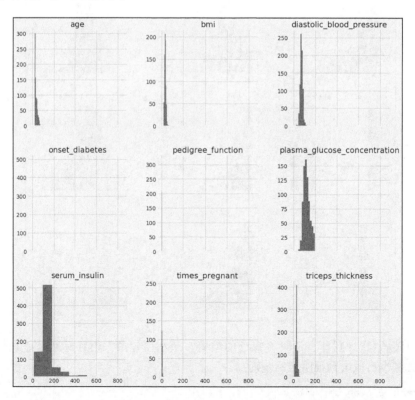

很明显，所有的数据尺度都不同。数据工程师可以选用某种**归一化**操作，在机器学习流水线上处理该问题。归一化操作旨在将行和列对齐并转化为一致的规则。例如，归一化的一种常见形式是将所有定量列转化为同一个静态范围中的值（例如，所有数都位于 0 ~ 1）。我们也可以使用数学规则，例如**所有列的均值和标准差必须相同**，以便在同一个直方图上显示（和上面皮马人的直方图不同）。标准化通过确保所有行和列在机器学习中得到平等对待，让数据的处理**保持一致**。

我们将重点关注 3 种数据归一化方法：

❑ *z* 分数标准化；
❑ min-max 标准化；
❑ 行归一化。

前两个办法特别用于调整特征，而第三个办法虽然操作行，但效果和前两个相当。

### 3.3.1　*z* 分数标准化

***z* 分数标准化**是最常见的标准化技术，利用了统计学里简单的 *z* 分数（标准分数）思想。*z* 分数标准化的输出会被重新缩放，使均值为 0、标准差为 1。通过缩放特征、统一化均值和方差（标准差的平方），可以让 KNN 这种模型达到最优化，而不会倾向于较大比例的特征。公式很简单，对于每列，用这个公式替换单元格：

$$z = (x - \mu) / \sigma$$

在这个公式中：

❑ *z* 是新的值（*z* 分数）；
❑ *x* 是单元格原来的值；
❑ *μ* 是该列的均值；
❑ *σ* 是列的标准差。

以 plasma_glucose_concentration 列的缩放为例：

```
print(pima['plasma_glucose_concentration'].head())

0    148.0
1     85.0
2    183.0
3     89.0
4    137.0
Name: plasma_glucose_concentration, dtype: float64
```

用下面的代码手动计算列的 *z* 分数：

```
# 取此列均值
mu = pima['plasma_glucose_concentration'].mean()

# 取此列标准差
sigma = pima['plasma_glucose_concentration'].std()

# 对每个值计算 z 分数
print(((pima['plasma_glucose_concentration'] - mu) / sigma).head())

0    0.864545
1   -1.205376
2    2.014501
3   -1.073952
4    0.503130
Name: plasma_glucose_concentration, dtype: float64
```

可以看到，该列中的每个值都会被替换，而且某些值是负的。这是因为该值代表到均值的距离，如果它最初低于该列的均值，$z$ 分数就是负数。当然，在 scikit-learn 中有内置的对象帮助我们计算，代码如下：

```
# 内置的 z 分数归一化
from sklearn.preprocessing import StandardScaler
```

我们试试吧：

```
# z 分数标准化前的均值和标准差
pima['plasma_glucose_concentration'].mean(),
pima['plasma_glucose_concentration'].std()

(121.68676277850591, 30.435948867207657)

ax = pima['plasma_glucose_concentration'].hist()
ax.set_title('Distribution of plasma_glucose_concentration')
```

以上代码的输出如下图所示。

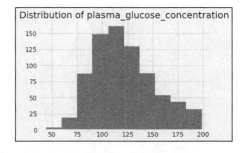

可以看见该列处理前的分布情况。现在应用 $z$ 分数标准化，代码如下：

```
scaler = StandardScaler()

glucose_z_score_standardized =
```

```
scaler.fit_transform(pima[['plasma_glucose_concentration']])
# 注意我们用双方括号，因为转换需要一个 DataFrame

# 均值是 0（浮点数误差），标准差是 1
glucose_z_score_standardized.mean(), glucose_z_score_standardized.std()

(-3.561965537339044e-16, 1.0)
```

在应用缩放后，均值下降到 0，标准差为 1。下面进一步查看缩放后数据的分布情况：

```
ax = pd.Series(glucose_z_score_standardized.reshape(-1,)).hist()
ax.set_title('Distribution of plasma_glucose_concentration after Z Score Scaling')
```

以上代码的输出如下图所示。

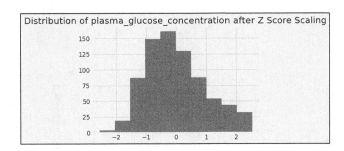

我们观察到 $x$ 轴更紧密了，$y$ 轴则没有变化。注意，数据的形状没有变化。在对每一列都进行 $z$ 分数转换后，我们观察一下 **DataFrame** 的直方图。操作时，StandardScaler 会对每列单独计算均值和标准差：

```
scale = StandardScaler()  # 初始化一个 z-scaler 对象

pima_imputed_mean_scaled = pd.DataFrame(scale.fit_transform(pima_imputed_mean),
columns=pima_column_names)
pima_imputed_mean_scaled.hist(figsize=(15, 15), sharex=True)
# 空间相同了
```

以上代码的输出如下图所示。

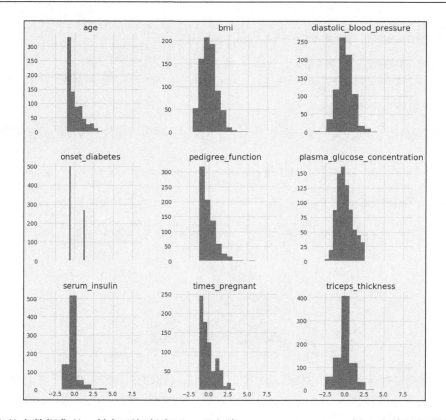

注意整个数据集的 *x* 轴都更加紧密了。现在将 StandardScaler 插入之前的机器学习流水线中：

```
knn_params = {'imputer__strategy':['mean', 'median'], 'classify__n_neighbors':[1, 2,
3, 4, 5, 6, 7]}

mean_impute_standardize = Pipeline([('imputer', Imputer()), ('standardize',
StandardScaler()), ('classify', knn)])
X = pima.drop('onset_diabetes', axis=1)
y = pima['onset_diabetes']

grid = GridSearchCV(mean_impute_standardize, knn_params)
grid.fit(X, y)

print(grid.best_score_, grid.best_params_)

0.7421875 {'classify__n_neighbors': 7, 'imputer__strategy': 'median'}
```

有几件事需要注意。我们在网格搜索中加入了一些新的参数，填充缺失值。现在我们正在寻找 KNN 中策略和邻居数的最佳组合，目前的得分是 0.742，这是至今为止的最佳得分，接近目标 0.745。这条流水线从整个 768 行中学习。我们现在看看另一种标准化方法。

## 3.3.2 min-max 标准化

min-max 标准化和 $z$ 分数标准化类似，因为它也用一个公式替换列中的每个值。此处的公式是：

$$m = (x - x_{\min}) / (x_{\max} - x_{\min})$$

在这个公式中：

- ❑ $m$ 是新的值；
- ❑ $x$ 是单元格原来的值；
- ❑ $x_{\min}$ 是该列的最小值；
- ❑ $x_{\max}$ 是该列的最大值。

使用这个公式可以看到，每列所有的值都会位于 0 ~ 1。我们用 scikit-learn 的内置模块试试：

```
# 导入 sklearn 模块
from sklearn.preprocessing import MinMaxScaler

# 实例化
min_max = MinMaxScaler()

# 使用 min-max 标准化
pima_min_maxed = pd.DataFrame(min_max.fit_transform(pima_imputed),
columns=pima_column_names)

# 得到描述性统计
pima_min_maxed.describe()
```

describe 方法的输出如下表所示。

| | times_pregnant | plasma_glucose_concentration | diastolic_blood_pressure | triceps_thickness | serum_insulin | bmi | pedigree_function | age | onset_diabetes |
|---|---|---|---|---|---|---|---|---|---|
| count | 768.000000 | 768.000000 | 768.000000 | 768.000000 | 768.000000 | 768.000000 | 768.000000 | 768.000000 | 768.000000 |
| mean | 0.226180 | 0.501205 | 0.493930 | 0.240798 | 0.170130 | 0.291564 | 0.168179 | 0.204015 | 0.348958 |
| std | 0.198210 | 0.196361 | 0.123432 | 0.095554 | 0.102189 | 0.140596 | 0.141473 | 0.196004 | 0.476951 |
| min | 0.000000 | 0.000000 | 0.000000 | 0.000000 | 0.000000 | 0.000000 | 0.000000 | 0.000000 | 0.000000 |
| 25% | 0.058824 | 0.359677 | 0.408163 | 0.195652 | 0.129207 | 0.190184 | 0.070773 | 0.050000 | 0.000000 |
| 50% | 0.176471 | 0.470968 | 0.491863 | 0.240798 | 0.170130 | 0.290389 | 0.125747 | 0.133333 | 0.000000 |
| 75% | 0.352941 | 0.620968 | 0.571429 | 0.271739 | 0.170130 | 0.376278 | 0.234095 | 0.333333 | 1.000000 |
| max | 1.000000 | 1.000000 | 1.000000 | 1.000000 | 1.000000 | 1.000000 | 1.000000 | 1.000000 | 1.000000 |

注意，最小值都是 0，最大值都是 1。进一步注意，这种缩放的副作用是标准差都非常小。这有可能不利于某些模型，因为异常值的权重降低了。我们将新的标准化方法插入机器学习流水线：

```
knn_params = {'imputer__strategy': ['mean', 'median'], 'classify__n_neighbors':[1, 2,
3, 4, 5, 6, 7]}

mean_impute_standardize = Pipeline([('imputer', Imputer()), ('standardize',
MinMaxScaler()), ('classify', knn)])
```

```
X = pima.drop('onset_diabetes', axis=1)
y = pima['onset_diabetes']

grid = GridSearchCV(mean_impute_standardize, knn_params)
grid.fit(X, y)

print(grid.best_score_, grid.best_params_)

0.74609375 {'classify__n_neighbors': 4, 'imputer__strategy': 'mean'}
```

这是至今使用包括缺失数据的全部 768 行的最好结果。看起来 min-max 缩放对 KNN 有很大帮助！我们现在试试第三种标准化，把关注点从列转移到行上。

### 3.3.3　行归一化

最后这个标准化方法是关于行，而不是关于列的。行归一化不是计算每列的统计值（均值、最小值、最大值等），而是会保证每行有**单位范数**（unit norm），意味着每行的向量长度相同。想象一下，如果每行数据都在一个 $n$ 维空间内，那么每行都有一个向量范数（长度）。也就是说，我们认为每行都是空间内的一个向量：

$$x = (x_1, x_2, \cdots, x_n)$$

在皮马人数据集中 $n$ 为 8，每个特征一个（不包括响应），那么范数的计算方法是：

$$||x|| = \sqrt{(x_1^2 + x_2^2 + \cdots + x_n^2)}$$

这是 **L2 范数**。其他类型的范数也存在，但是不在这里讨论。我们关心的是，让每行都有相同的范数。在使用文本数据或聚类算法时，这非常方便。

在开始之前，先看看用均值填充后的输入矩阵的平均范数，代码如下：

```
np.sqrt((pima_imputed**2).sum(axis=1)).mean()
# 矩阵的平均范数
```

```
223.36222025823744
```

我们用下面的代码引入行归一化：

```
from sklearn.preprocessing import Normalizer # 行归一化

normalize = Normalizer()

pima_normalized = pd.DataFrame(normalize.fit_transform(pima_imputed),
columns=pima_column_names)

np.sqrt((pima_normalized**2).sum(axis=1)).mean()
# 行归一化后矩阵的平均范数
```

```
1.0
```

在归一化后，所有行的范数都是 1 了。看看这个方法在流水线上表现如何：

```
knn_params = {'imputer__strategy': ['mean', 'median'], 'classify__n_neighbors':[1, 2,
3, 4, 5, 6, 7]}

mean_impute_normalize = Pipeline([('imputer', Imputer()), ('normalize',
Normalizer()), ('classify', knn)])
X = pima.drop('onset_diabetes', axis=1)
y = pima['onset_diabetes']

grid = GridSearchCV(mean_impute_normalize, knn_params)
grid.fit(X, y)

print(grid.best_score_, grid.best_params_)

0.6822916666666666 {'classify__n_neighbors': 6, 'imputer__strategy': 'mean'}
```

不怎么样，但值得一试。现在我们知道了 3 种不同的数据标准化方法，把它们整合在一起，看看如何处理这个数据集吧。

很多算法会受尺度的影响，下面就是其中一些流行的学习算法：

❑ KNN——因为依赖欧几里得距离；
❑ $K$ 均值聚类——和 KNN 的原因一样；
❑ 逻辑回归、支持向量机、神经网络——如果使用梯度下降来学习权重；
❑ 主成分分析——特征向量将偏向较大的列。

### 3.3.4 整合起来

处理了数据集的各种问题（包括识别隐藏为 0 的缺失值，填充缺失值，以及按不同比例标准化数据），现在可以列出所有的得分，看看哪种办法最好。

| 描　　述 | 使用的列数 | 交叉验证准确率 |
| --- | --- | --- |
| 删除存在缺失值的行 | 392 | 0.7449 |
| 用 0 填充 | 768 | 0.7304 |
| 用均值填充 | 768 | 0.7318 |
| 用中位数填充 | 768 | 0.7357 |
| 用中位数填充，$z$ 分数标准化 | 768 | 0.7422 |
| **用均值填充，min-max 标准化** | **768** | **0.7461** |
| 用均值填充，行归一化 | 768 | 0.6823 |

看来我们终于可以用均值填充和 min-max 标准化的方法得到最好的结果了，而且依旧使用全部的 768 列。不错！

## 3.4　小结

特征增强的意义是，识别有问题的区域，并确定哪种修复方法最有效。我们的主要想法应该是用数据科学家的眼光看数据。我们应该考虑如何用最好的方法解决问题，而不是删除了事。一般来说，机器学习算法最终会因此取得让我们欣慰的表现。

本章包括几种处理定量列的办法。下一章将处理定性列的填充，以及如何从现有的特征引入全新的特征。我们会使用 scikit-learn 的管道，对数值列和类别列进行混合，大大扩展可以使用的数据类型。

# 特征构建：我能生成新特征吗

在上一章中，我们借助"皮马印第安人糖尿病预测数据集"理解了哪些现有特征最有价值。在使用现有特征时，我们识别了各列的缺失值，使用不同的方法删除或填充了缺失值，并对数据进行标准化/归一化，从而提高了机器学习模型的准确率。

需要注意的是，之前使用的特征都是定量的。我们现在就开始转而研究分类数据。我们的主要目的是，使用现有特征构建全新的特征，让模型从中学习。

有很多方法可以构建新特征：最简单的办法是用 Pandas 将现有的特征扩大几倍；我们也会研究一些更依靠数学的方法，并使用 scikit-learn 包的很多部分；我们还会编写自己的类。稍后真正写代码时会进行深入研究。

我们会探讨如下主题：

- ❏ 检查数据集；
- ❏ 填充分类特征；
- ❏ 编码分类变量；
- ❏ 扩展数值特征；
- ❏ 针对文本的特征构建。

## 4.1 检查数据集

为了进行演示，本章会使用我们自己创建的数据集，以便展示不同的数据等级和类型。我们先设置数据的 DataFrame。

用 Pandas 创建要使用的 DataFrame，这也是 Pandas 的主要数据结构。这样做的优点是可以用很多属性和方法操作数据，从而对数据进行符合逻辑的操作，以深入了解我们使用的数据，以及如何最好地构建机器学习模型。

(1) 首先导入 Pandas：

```
import pandas as pd
```

(2) 然后就可以设置 DataFrame X 了。我们用 Pandas 的 DataFrame 方法创建表格数据结构（带行和列的表格）。这个方法可以接受不同类型的数据（例如，NumPy 数组和字典等）。在本例中，我们传入一个字典，其键是列标题、值是列表，每个列表代表一列：

```
X = pd.DataFrame({'city':['tokyo', None, 'london', 'seattle', 'san francisco',
                  'tokyo'],
                  'boolean':['yes', 'no', None, 'no', 'no', 'yes'],
                  'ordinal_column':['somewhat like', 'like', 'somewhat like', 'like',
                  'somewhat like', 'dislike'],
                  'quantitative_column':[1, 11, -.5, 10, None, 20]})
```

(3) 这样会生成一个 6 行 4 列的 DataFrame。可以打印 X 来查看数据：

```
print(X)
```

我们会得到如下表所示的输出。

|   | boolean | city | ordinal_column | quantitative_column |
|---|---------|------|----------------|---------------------|
| 0 | yes | tokyo | somewhat like | 1.0 |
| 1 | no | None | like | 11.0 |
| 2 | None | london | somewhat like | −0.5 |
| 3 | no | seattle | like | 10.0 |
| 4 | no | san francisco | somewhat like | NaN |
| 5 | yes | tokyo | dislike | 20.0 |

观察每一列，并识别每列的类型和等级。

❑ boolean（布尔值）：此列是二元分类数据（是/否），定类等级。

❑ city（城市）：此列是分类数据，也是定类等级。

❑ ordinal_column（顺序列）：顾名思义，此列是顺序数据，定序等级。

❑ quantitative_column（定量列）：此列是整数，定比等级。

## 4.2　填充分类特征

我们已经对要处理的数据有了一定的理解，现在可以看看缺失值。

❑ 为了完成此任务，可以利用 Pandas DataFrame 的 isnull 方法。这个方法返回一个布尔值对象，表示数据是否为空。

❑ 然后调用 sum 方法查看哪列缺失数据：

```
X.isnull().sum()
```

```
boolean                    1
city                       1
ordinal_column             0
quantitative_column        1
dtype: int64
```

可以看见，有3列存在缺失值。接下来当然要填充这些值。

你应该还记得，上一章实现了 scikit-learn 的 `Imputer` 类，用于填充数值数据。`Imputer` 的确有一个 `most_frequent` 方法可以用在定性数据上，但是只能处理整数型的分类数据。

我们不一定想这样做，因为这种转换会改变我们对分类数据的解释方式。因此我们要写一个自己的转换器，也就是一个填充每列缺失值的方法。

实际上，本章将构建好几个自定义转换器。这些转换器对转换数据帮助很大，而且可以进行 Pandas 和 scikit-learn 不支持的操作。

我们先从定性列 `city` 开始。对于数值数据，可以通过计算均值的方法填充缺失值；而对于分类数据，我们也有类似的处理方法：计算出最常见的类别用于填充。

为此，需要找出 `city` 列中最常见的类别。

 注意，要对这个列使用 `value_counts` 方法。这样会返回一个对象，由高到低包含列中的各个元素——第一个元素就是最常出现的。

我们只需要对象中的第一个元素：

```
# 寻找 city 列中最常见的元素
X['city'].value_counts().index[0]
```

```
>>>>
'tokyo'
```

我们注意到，`tokyo` 是最频繁出现的城市。知道了应该用哪个值来填充，就可以开始处理了。`fillna` 函数可以指定填充缺失值的方式：

```
# 用最常见的值填充 city 列
X['city'].fillna(X['city'].value_counts().index[0])
```

`city` 列现在是这样的：

```
0              tokyo
1              tokyo
2             london
3            seattle
4      san francisco
5              tokyo
Name: city, dtype: object
```

很好，现在 city 列没有缺失值了。不过我们的另一个列 boolean 依然存在缺失值。我们不再使用同样的方法，而是构建一个自定义填充器，用来处理分类数据的填充。

## 4.2.1　自定义填充器

在写代码之前，快速回顾一下机器学习流水线：

- 我们可以用流水线按顺序应用转换和最终的预测器；
- 流水线的中间步骤只能是**转换**，这意味着它们必须实现 fit 和 transform 方法；
- 最终的预测器只需要实现 fit 方法。

流水线的目的是将几个可以交叉验证的步骤组装在一起，并设置不同的参数。在为每个需要填充的列构建好自定义转换器后，就可以把它们传入流水线，一口气转换好数据。下面开始编写第一个自定义分类填充器吧。

## 4.2.2　自定义分类填充器

首先，用 scikit-learn 的 TransformerMixin 基类创建我们的自定义分类填充器。这个转换器（以及本章中的其他转换器）会作为流水线的一环，实现 fit 和 transform 方法。

下面的代码会在本章经常出现，我们来仔细讲解：

```
from sklearn.base import TransformerMixin

class CustomCategoryImputer(TransformerMixin):
    def __init__(self, cols=None):
        self.cols = cols

    def transform(self, df):
        X = df.copy()
        for col in self.cols:
            X[col].fillna(X[col].value_counts().index[0], inplace=True)
        return X

    def fit(self, *_):
        return self
```

这段代码做了很多工作，下面逐行分析。

(1) 首先是一条 import 语句：

```
from sklearn.base import TransformerMixin
```

(2) 继承 scikit-learn 的 TransformerMixin 类，它包括一个 .fit_transform 方法，会调用我们创建的 .fit 和 .transform 方法。这能让我们的转换器和 scikit-learn 的转换器保持结构

一致。我们初始化这个自定义的类：

```
class CustomCategoryImputer(TransformerMixin):
    def __init__(self, cols=None):
        self.cols = cols
```

(3) 我们已经对这个自定义类进行了实例化，并用 __init__ 方法对属性进行了初始化。在这里，只需要初始化一个实例属性 self.cols（就是我们指定为参数的列）。现在可以构建 fit 和 transform 方法了：

```
def transform(self, df):
    X = df.copy()
    for col in self.cols:
        X[col].fillna(X[col].value_counts().index[0], inplace=True)
    return X
```

(4) 上面是 transform 方法，它接收一个 DataFrame。首先将这个 DataFrame 复制一份，命名为 X。然后遍历 cols 参数指定的列，填充缺失值。fillna 部分看起来很眼熟，因为这个函数在一开始的例子里用过。我们使用同样的函数并进行设置，这样一个填充器可以在很多列上同时工作。缺失值填充完毕后，返回 DataFrame。然后是 fit 方法：

```
def fit(self, *_):
    return self
```

我们的 fit 方法只有 return self 一句话，和 scikit-learn 的标准 .fit 方法相同。

(5) 有了自定义方法，可以填充分类数据了！我们在两列分类数据 city 和 boolean 上试验：

```
# 在列上应用自定义分类填充器

cci = CustomCategoryImputer(cols=['city', 'boolean'])
```

(6) 我们初始化了一个自定义分类填充器，现在需要在数据集上调用 fit_transform 函数：

```
cci.fit_transform(X)
```

现在数据集如下表所示。

| | boolean | city | ordinal_column | quantitative_column |
|---|---|---|---|---|
| 0 | yes | tokyo | somewhat like | 1.0 |
| 1 | no | tokyo | like | 11.0 |
| 2 | no | london | somewhat like | −0.5 |
| 3 | no | seattle | like | 10.0 |
| 4 | no | san francisco | somewhat like | NaN |
| 5 | yes | tokyo | dislike | 20.0 |

好极了！我们的 city 和 boolean 列都没有缺失值了。不过定量列还是有缺失值。既然默认的填充器不能选择列，我们再来自定义一个。

### 4.2.3    自定义定量填充器

我们使用的结构和自定义分类填充器类似。主要的区别在于，此处用 scikit-learn 的 Imputer 类实现一个自定义的转换器，对列进行转换：

```
# 按名称对列进行转换的填充器

from sklearn.preprocessing import Imputer
class CustomQuantitativeImputer(TransformerMixin):
    def __init__(self, cols=None, strategy='mean'):
        self.cols = cols
        self.strategy = strategy

    def transform(self, df):
        X = df.copy()
        impute = Imputer(strategy=self.strategy)
        for col in self.cols:
            X[col] = impute.fit_transform(X[[col]])
        return X

    def fit(self, *_):
        return self
```

对于 CustomQuantitativeImputer，我们添加了一个 strategy 参数，指定如何填充定量数据里的缺失值。这里用均值填充缺失值，依然使用 transform 和 fit 方法。

还是用 fit_transform 函数填充数据，这次我们指定要填充的列和 strategy：

```
cqi = CustomQuantitativeImputer(cols=['quantitative_column'],
strategy='mean')

cqi.fit_transform(X)
```

也可以不分别调用并用 fit_transform 拟合转换 CustomCategoryImputer 和 Custom-QuantitativeImputer，而是把它们放在流水线中。方法如下所示。

(1) 写 import 语句：

```
# 从 sklearn 导入 Pipeline
from sklearn.pipeline import Pipeline
```

(2) 导入自定义填充器：

```
imputer = Pipeline([('quant', cqi), ('category', cci)])
imputer.fit_transform(X)
```

我们看看流水线填充后的结果。

| | boolean | city | ordinal_column | quantitative_column |
|---|---|---|---|---|
| 0 | yes | tokyo | somewhat like | 1.0 |
| 1 | no | tokyo | like | 11.0 |
| 2 | no | london | somewhat like | −0.5 |
| 3 | no | seattle | like | 10.0 |
| 4 | no | san francisco | somewhat like | 8.3 |
| 5 | yes | tokyo | dislike | 20.0 |

现在可以在没有缺失值的数据集上工作了!

## 4.3　编码分类变量

回顾一下,我们目前已经填充了数据集——包括定量列和定性列。你可能在想:**如何让机器学习算法利用分类数据呢?**

简单地说,需要将分类数据转换为数值数据。到目前为止,我们已经用最常见的类别对缺失值进行了填充。现在需要进行进一步操作。

任何机器学习算法,无论是线性回归还是利用欧几里得距离的 KNN 算法,需要的输入特征都必须是数值。有几种办法可以将分类数据转换为数值数据。

### 4.3.1　定类等级的编码

我们从定类等级开始。主要方法是将分类数据转换为虚拟变量(dummy variable),有两种选择:

❑ 用 Pandas 自动找到分类变量并进行编码;
❑ 创建自定义虚拟变量编码器,在流水线中工作。

在深入探讨之前,我们先研究一下什么是虚拟变量。

虚拟变量的取值是 1 或 0,代表某个类别的有无。虚拟变量是定性数据的代理,或者说是数值的替代。

考虑一个简单的工资回归分析问题。假设给定了性别(定性数据)和工龄(定量数据)。为了考察性别对工资的影响,我们用虚拟变量:`female = 0` 代表男性,`female = 1` 代表女性。

当使用虚拟变量时,需要小心虚拟变量陷阱。虚拟变量陷阱的意思是,自变量有多重共线性或高度相关。简单地说,这些变量能依据彼此来预测。在这个例子中,如果设置 `female` 和 `male` 两个虚拟变量,它们都可以取值为 1 或 0,那么就出现了重复的类别,陷入了虚拟变量陷阱。我们可以直接推断 `female = 0` 代表男性。

为了避免虚拟变量陷阱，我们需要忽略一个常量或者虚拟类别。被忽略的虚拟变量可以作为基础类别，和其他变量进行比较。

回到数据集中，用第一种选择将分类数据编码成虚拟变量。Pandas 有个很方便的 get_dummies 方法，可以找到所有的分类变量，并将其转换为虚拟变量：

```
pd.get_dummies(X,
               columns = ['city', 'boolean'],  # 要虚拟化的列
               prefix_sep='__')  # 前缀（列名）和单元格值之间的分隔符
```

我们必须指定需要应用虚拟化的列，因为 Pandas 也会编码定序等级的列，这就没有意义了。稍后会提及为什么这种操作没有意义。

进行虚拟变量编码后，我们的数据如下表所示。

| | ordinal_column | quantitative_column | city__london | city__san francisco | city__seattle | city__tokyo | boolean__no | boolean__yes |
|---|---|---|---|---|---|---|---|---|
| 0 | somewhat like | 1.0 | 0 | 0 | 0 | 1 | 0 | 1 |
| 1 | like | 11.0 | 0 | 0 | 0 | 0 | 1 | 0 |
| 2 | somewhat like | −0.5 | 1 | 0 | 0 | 0 | 0 | 0 |
| 3 | like | 10.0 | 0 | 0 | 1 | 0 | 1 | 0 |
| 4 | somewhat like | NaN | 0 | 1 | 0 | 0 | 1 | 0 |
| 5 | dislike | 20.0 | 0 | 0 | 0 | 1 | 0 | 1 |

另一种选择是创建一个自定义虚拟化器，从而在流水线中一口气转换整个数据集。

再次使用之前两个自定义填充器的结构。在这里，我们的 transform 方法会利用 Pandas 的 get_dummies 方法，为指定的列创建虚拟变量。该自定义虚拟化器中唯一的参数是 cols：

```
# 自定义虚拟变量编码器
class CustomDummifier(TransformerMixin):
    def __init__(self, cols=None):
        self.cols = cols

    def transform(self, X):
        return pd.get_dummies(X, columns=self.cols)

    def fit(self, *_):
        return self
```

我们的自定义虚拟化器模仿了 scikit-learn 的 OneHotEncoding，但是可以在整个 DataFrame 上运行。

最后实例化自定义虚拟化器，保证后面的代码可以运行。运行如下代码：

```
cd = CustomDummifier(cols=['boolean', 'city'])

cd.fit_transform(X)
```

对原始数据进行虚拟变量编码。

### 4.3.2 定序等级的编码

现在我们关注定序等级的列。这个等级上仍然存在有用的信息，然而我们需要将字符串转换为数值数据。在定序等级，由于数据的顺序有含义，使用虚拟变量是没有意义的。为了保持顺序，我们使用标签编码器。

标签编码器是指，顺序数据的每个标签都会有一个相关数值。在我们的例子中，这意味着顺序列的值（dislike、somewhat like 和 like）会用 0、1、2 来表示。

最简单的编码方法如下：

```
# 创建一个列表，顺序数据对应于列表索引
ordering = ['dislike', 'somewhat like', 'like']  # 0 是 dislike, 1 是 somewhat like, 2 是 like
# 在将 ordering 映射到顺序列之前，先看一下列

print(X['ordinal_column'])
```

这里创建了一个列表，用于对标签排序。这一步是关键，我们会用其索引将标签转换为数值数据。

在列上实现一个 map 函数，允许我们指定需要在列上实现的函数。我们指定该函数使用 lambda 匿名函数，即不绑定到某个名称：

```
lambda x: ordering.index(x)
```

这行代码会创建一个函数，将列表的索引 ordering 分配到各个元素上。现在将其映射到顺序列上：

```
# 将 ordering 映射到顺序列
print(X['ordinal_column'].map(lambda x: ordering.index(x)))
```

顺序列现在变成了带标签的数据。

注意，我们没有使用 scikit-learn 的 LabelEncoder，因为这个方法不能像上面的代码那样对顺序进行编码（0 表示 dislike，1 表示 somewhat like，2 表示 like）。它默认是一个排序方法，而我们不想这么做。

还是将自定义标签编码器放进流水线中：

```
class CustomEncoder(TransformerMixin):
    def __init__(self, col, ordering=None):
        self.ordering = ordering
        self.col = col

    def transform(self, df):
        X = df.copy()
        X[self.col] = X[self.col].map(lambda x: self.ordering.index(x))
```

```
        return X

    def fit(self, *_):
        return self
```

我们保留了之前其他自定义转换器的结构。此处用上面详述的 `map` 和 `lambda` 函数对特定的列进行转换。注意，关键参数是 `ordering`，它会指定将标签编码成什么数值。

调用我们的自定义编码器：

```
ce = CustomEncoder(col='ordinal_column', ordering = ['dislike', 'somewhat like',
'like'])
```

```
ce.fit_transform(X)
```

转换后的数据集如下表所示。

|   | boolean | city | ordinal_column | quantitative_column |
|---|---------|------|----------------|---------------------|
| 0 | yes | tokyo | 1 | 1.0 |
| 1 | no | None | 2 | 11.0 |
| 2 | None | london | 1 | −0.5 |
| 3 | no | seattle | 2 | 10.0 |
| 4 | no | san francisco | 1 | NaN |
| 5 | yes | tokyo | 0 | 20.0 |

顺序列已经被编码了。

到这里，我们已经转换了如下这些列。

❏ `boolean` 和 `city`：虚拟变量编码。
❏ `ordinal_column`：标签编码。

### 4.3.3 将连续特征分箱

有时，如果数值数据是连续的，那么将其转换为分类变量可能是有意义的。例如你的手上有年龄，但是年龄段可能会更有用。

Pandas 有一个有用的函数叫作 `cut`，可以将数据分箱（binning），亦称为分桶（bucketing）。意思就是，它会创建数据的范围。

我们在 `quantitative_column` 列上看看它的作用：

```
# 默认的类别名就是分箱
pd.cut(X['quantitative_column'], bins=3)
```

对于我们的定量列，`cut` 函数的输出如下：

```
0       (-0.52, 6.333]
1      (6.333, 13.167]
2       (-0.52, 6.333]
3      (6.333, 13.167]
4                  NaN
5      (13.167, 20.0]
Name: quantitative_column, dtype: category
Categories (3, interval[float64]): [(-0.52, 6.333] < (6.333, 13.167] < (13.167, 20.0]]
```

当指定的 bins 为整数的时候（bins = 3），会定义 X 范围内的等宽分箱数。然而在本例中，X 的范围向两边分别扩展了 0.1%，以包括最小值和最大值。

也可以将标签设置为 False，这将只返回分箱的整数指示器：

```
# 不使用标签
pd.cut(X['quantitative_column'], bins=3, labels=False)
```

quantitative_column 列的整数指示器如下：

```
0     0.0
1     1.0
2     0.0
3     1.0
4     NaN
5     2.0
Name: quantitative_column, dtype: float64
```

利用 cut 函数的属性，可以为流水线定义自己的 CustomCutter。再次仿照之前转换器的结构。我们的 transform 方法会利用 cut，所以需要 bins 和 labels 作为参数：

```
class CustomCutter(TransformerMixin):
    def __init__(self, col, bins, labels=False):
        self.labels = labels
        self.bins = bins
        self.col = col

    def transform(self, df):
        X = df.copy()
        X[self.col] = pd.cut(X[self.col], bins=self.bins, labels=self.labels)
        return X

    def fit(self, *_):
        return self
```

注意，labels 的默认值是 False。我们可以初始化 CustomCutter，输入需要转换的列和分箱数：

```
cc = CustomCutter(col='quantitative_column', bins=3)

cc.fit_transform(X)
```

经过 CustomCutter 转换后的 quantitative_column 列如下表中所示。

|   | boolean | city | ordinal_column | quantitative_column |
|---|---------|------|----------------|---------------------|
| 0 | yes | tokyo | somewhat like | 1.0 |
| 1 | no | None | like | 11.0 |
| 2 | None | london | somewhat like | −0.5 |
| 3 | no | seattle | like | 10.0 |
| 4 | no | san francisco | somewhat like | NaN |
| 5 | yes | tokyo | dislike | 20.0 |

注意，现在 quantitative_column 列处于定序等级，不需要引入虚拟变量。

## 4.3.4　创建流水线

回顾一下，我们对数据集里的列进行了以下这些转换。

❑ boolean 和 city：虚拟变量编码。
❑ ordinal_column：标签编码。
❑ quantitative_column：分箱。

既然已经转换了所有的列，就可以组装流水线了。

我们从 scikit-learn 的 Pipeline 开始：

```
from sklearn.pipeline import Pipeline
```

把每列的自定义转换器放在一起。我们流水线的顺序是：

(1) 用 imputer 填充缺失值；
(2) 用虚拟变量填充分类列；
(3) 对 ordinal_column 进行编码；
(4) 将 quantitative_column 分箱。

这样设置流水线：

```
pipe = Pipeline([("imputer", imputer), ('dummify', cd), ('encode', ce), ('cut', cc)])
# 先是 imputer
# 然后是虚拟变量
# 接着编码顺序列
# 最后分箱定量列
```

为了观察流水线对数据的完整转换，我们先看看尚未转换的数据：

```
# 进入流水线前的数据
print(X)
```

转换前的数据如下表所示。

| | boolean | city | ordinal_column | quantitative_column |
|---|---|---|---|---|
| 0 | yes | tokyo | somewhat like | 1.0 |
| 1 | no | None | like | 11.0 |
| 2 | None | london | somewhat like | −0.5 |
| 3 | no | seattle | like | 10.0 |
| 4 | no | san francisco | somewhat like | NaN |
| 5 | yes | tokyo | dislike | 20.0 |

我们可以对流水线进行拟合:

```
# 拟合流水线
pipe.fit(X)

Pipeline(memory=None,
     steps=[('imputer', Pipeline(memory=None,
     steps=[('quant', <__main__.CustomQuantitativeImputer object at 0x7fa1f85e96a0>),
('category', <__main__.CustomCategoryImputer object at 0x7fa1f85d9ef0>)])),
('dummify', <__main__.CustomDummifier object at 0x7fa1f7b51358>), ('encode',
<__main__.CustomEncoder object at 0x7fa1f7ba0cc0>), ('cut', <__main__.CustomCutter
object at 0x7fa1f7ba0e48>)])
```

创建流水线对象后,可以转换 DataFrame:

```
pipe.transform(X)
```

进行所有转换后,最终的数据集如下表所示。

| | ordinal_column | quantitative_column | boolean_no | boolean_yes | city_london | city_san francisco | city_seattle | city_tokyo |
|---|---|---|---|---|---|---|---|---|
| 0 | 1 | 0 | 0 | 1 | 0 | 0 | 0 | 1 |
| 1 | 2 | 1 | 1 | 0 | 0 | 0 | 0 | 1 |
| 2 | 1 | 0 | 1 | 0 | 1 | 0 | 0 | 0 |
| 3 | 2 | 1 | 1 | 0 | 0 | 0 | 1 | 0 |
| 4 | 1 | 1 | 1 | 0 | 0 | 1 | 0 | 0 |
| 5 | 0 | 2 | 0 | 1 | 0 | 0 | 0 | 1 |

## 4.4 扩展数值特征

有多种办法可以从数值特征中创建扩展特征。之前我们研究了如何将连续的数值数据转换为顺序数据,现在开始进一步扩展数值特征。

在深入研究前,先介绍一个新的数据集。

### 4.4.1 根据胸部加速度计识别动作的数据集

这个数据集来自佩戴在胸部的加速度计,它收集了 15 名参与者的 7 种动作。采样频率是 52 Hz,加速度计数据未校准。

数据集按参与者划分，包含以下内容：

- 序号；
- *x* 轴加速度；
- *y* 轴加速度；
- *z* 轴加速度；
- 标签。

标签是数字，每个数字代表一种动作（activity），如下所示：

- 在电脑前工作；
- 站立、走路和上下楼梯；
- 站立；
- 走路；
- 上下楼梯；
- 与人边走边聊；
- 站立着讲话。

关于这个数据集的更多信息，请查询 UCI 机器学习库：https://archive.ics.uci.edu/ml/datasets/Activity+Recognition+from+Single+Chest-Mounted+Accelerometer。

我们开始研究数据。首先加载 CSV 文件，并设置每列标题：

```
df = pd.read_csv('../data/activity_recognizer/1.csv', header=None)
df.columns = ['index', 'x', 'y', 'z', 'activity']
```

用 .head 方法查看前几行。如果没有特殊设置，默认查看前 5 行。

```
df.head()
```

结果如下表所示。

| | index | x | y | z | activity |
|---|---|---|---|---|---|
| 0 | 0.0 | 1502 | 2215 | 2153 | 1 |
| 1 | 1.0 | 1667 | 2072 | 2047 | 1 |
| 2 | 2.0 | 1611 | 1957 | 1906 | 1 |
| 3 | 3.0 | 1601 | 1939 | 1831 | 1 |
| 4 | 4.0 | 1643 | 1965 | 1879 | 1 |

这个数据集的目的是训练模型，以便根据智能手机等设备上加速度计的 x、y、z 读数识别用户的当前动作。根据上述网站可知，activity 列的数字有如下意义。

- 1：在电脑前工作

❏ 2：站立、走路和上下楼梯

❏ 3：站立

❏ 4：走路

❏ 5：上下楼梯

❏ 6：与人边走边聊

❏ 7：站立着讲话

我们的目标是预测 activity 列。首先确定要击败的空准确率。调用 value_counts 方法，将 normalize 选项设为 True，以百分比的形式列出最常见的动作：

```
df['activity'].value_counts(normalize=True)
```

```
7    0.515369
1    0.207242
4    0.165291
3    0.068793
5    0.019637
6    0.017951
2    0.005711
0    0.000006
Name: activity, dtype: float64
```

空准确率是 51.54%，意味着如果我们猜 7（站立着讲话），正确率就超过一半了。现在开始进行机器学习，一步步建立模型。

首先是 import 语句：

```
from sklearn.neighbors import KNeighborsClassifier
from sklearn.model_selection import GridSearchCV
```

你可能已经熟悉上一章中用过的这些语句了。我们还是用 scikit-learn 的 KNN 分类模型。依旧采用网格搜索模块，自动找到最适合数据的 KNN 参数组合，以达到最佳的交叉验证准确率。然后，为预测模型创建一个特征矩阵（x）和一个响应变量（y）：

```
X = df[['x', 'y', 'z']]
# 删除响应变量，建立特征矩阵
y = df['activity']
```

设定好 x 和 y 之后，就可以引入网格搜索所需的变量和实例了：

```
# 网格搜索所需的变量和实例

# 需要试验的 KNN 模型参数
knn_params = {'n_neighbors':[3, 4, 5, 6]}
```

然后，我们实例化一个 KNN 模型和一个网格搜索模块，并且用特征矩阵和响应变量拟合：

```
knn = KNeighborsClassifier()
grid = GridSearchCV(knn, knn_params)
grid.fit(X, y)
```

现在可以打印出最佳准确率和学习到的参数了：

```
print(grid.best_score_, grid.best_params_)

0.720752487676999 {'n_neighbors': 5}
```

使用 5 个邻居作为参数时，KNN 模型准确率达到了 72.08%，比 51.54%的空准确率高得多。也许还有别的办法可以进一步提高准确率。

## 4.4.2   多项式特征

在处理数值数据、创建更多特征时，一个关键方法是使用 scikit-learn 的 `Polynomial-Features` 类。这个构造函数会创建新的列，它们是原有列的乘积，用于捕获特征交互。

更具体地说，这个类会生成一个新的特征矩阵，里面是原始数据各个特征的多项式组合，阶数小于或等于指定的阶数。意思是，如果输入是二维的，例如 `[a，b]`，那么二阶的多项式特征就是 `[1，a，b，a^2，ab，b^2]`。

### 1. 参数

在实例化多项式特征时，需要了解 3 个参数：

❏ `degree`
❏ `interaction_only`
❏ `include_bias`

`degree` 是多项式特征的阶数，默认值是 2。

`interaction_only` 是布尔值：如果为真，表示只生成互相影响/交互的特征，也就是不同阶数特征的乘积。`interaction_only` 默认为 `false`。

`include_bias` 也是布尔值：如果为真（默认），会生成一列阶数为 0 的偏差列，也就是说列中全是数字 1。

我们先导入这个多项式特征类，并设置参数来实例化。首先看看将 `interaction_only` 设成 `False` 时的数据：

```
from sklearn.preprocessing import PolynomialFeatures

poly = PolynomialFeatures(degree=2, include_bias=False, interaction_only=False)
```

然后调用 `fit_transform` 函数，拟合多项式特征，并观察扩展后数据集的形状：

```
X_poly = poly.fit_transform(X)
X_poly.shape
```

```
(162501, 9)
```

现在的数据集有 162 501 行和 9 列。

把数据放进 DataFrame，将列标题设置为 `feature_names`，查看前几行：

```
pd.DataFrame(X_poly, columns=poly.get_feature_names()).head()
```

结果如下表所示。

|   | x0 | x1 | x2 | x0^2 | x0 x1 | x0 x2 | x1^2 | x1 x2 | x2^2 |
|---|------|------|------|-----------|-----------|-----------|-----------|-----------|-----------|
| 0 | 1502.0 | 2215.0 | 2153.0 | 2256004.0 | 3326930.0 | 3233806.0 | 4906225.0 | 4768895.0 | 4635409.0 |
| 1 | 1667.0 | 2072.0 | 2047.0 | 2778889.0 | 3454024.0 | 3412349.0 | 4293184.0 | 4241384.0 | 4190209.0 |
| 2 | 1611.0 | 1957.0 | 1906.0 | 2595321.0 | 3152727.0 | 3070566.0 | 3829849.0 | 3730042.0 | 3632836.0 |
| 3 | 1601.0 | 1939.0 | 1831.0 | 2563201.0 | 3104339.0 | 2931431.0 | 3759721.0 | 3550309.0 | 3352561.0 |
| 4 | 1643.0 | 1965.0 | 1879.0 | 2699449.0 | 3228495.0 | 3087197.0 | 3861225.0 | 3692235.0 | 3530641.0 |

### 2. 探索性数据分析

现在可以进行一些探索性数据分析了。因为多项式特征的目的是更好地理解原始数据的特征交互情况，所以最好的可视化办法是关联热图。

导入所需的可视化工具，以创建热图：

```
%matplotlib inline
import seaborn as sns
```

Matplotlib 和 Seaborn 都是流行的数据可视化工具。我们可以用如下方法创建关联热图：

```
sns.heatmap(pd.DataFrame(X_poly, columns=poly.get_feature_names()).corr())
```

`.corr` 是一个可以在 DataFrame 上的调用的函数，返回相关性矩阵。我们看看特征交互情况，如下图所示。

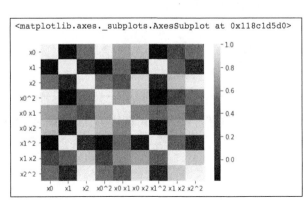

热图的颜色是基于值的：颜色越深，特征的相关性越大。

目前，`interaction_only` 参数是 `False`。我们不重新建立变量，将参数设成 `True` 试试。

代码还是像上面那样。注意唯一的区别是 `interaction_only` 被设置成了 `True`：

```
poly = PolynomialFeatures(degree=2, include_bias=False, interaction_only=True)
X_poly = poly.fit_transform(X)
print(X_poly.shape)
```

矩阵有 162 501 行和 6 列。仔细观察一下：

```
pd.DataFrame(X_poly, columns=poly.get_feature_names()).head()
```

DataFrame 如下表所示。

|   | x0 | x1 | x2 | x0 x1 | x0 x2 | x1 x2 |
|---|---|---|---|---|---|---|
| 0 | 1502.0 | 2215.0 | 2153.0 | 3326930.0 | 3233806.0 | 4768895.0 |
| 1 | 1667.0 | 2072.0 | 2047.0 | 3454024.0 | 3412349.0 | 4241384.0 |
| 2 | 1611.0 | 1957.0 | 1906.0 | 3152727.0 | 3070566.0 | 3730042.0 |
| 3 | 1601.0 | 1939.0 | 1831.0 | 3104339.0 | 2931431.0 | 3550309.0 |
| 4 | 1643.0 | 1965.0 | 1879.0 | 3228495.0 | 3087197.0 | 3692235.0 |

因为 `interaction_only` 为真，x0^2、x1^2 和 x2^2 都消失了，因为这几列不和其他列交互。我们看看相关性矩阵：

```
sns.heatmap(pd.DataFrame(X_poly, columns=poly.get_feature_names()).corr())
```

结果如下图所示。

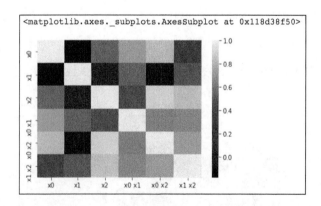

可以看见特征是如何互相影响的。我们还可以用新的多项式特征对 KNN 模型进行网格搜索，这也可以在流水线中进行。

(1) 先设置流水线参数：

```
pipe_params = {'poly_features__degree':[1, 2, 3], 'poly_features__interaction_only':
[True, False], 'classify__n_neighbors':[3, 4, 5, 6]}
```

(2) 然后实例化流水线：

```
from sklearn.pipeline import Pipeline

pipe = Pipeline([('poly_features', poly), ('classify', knn)])
```

(3) 最后设置网格搜索，打印最佳准确率和学习到的参数：

```
grid = GridSearchCV(pipe, pipe_params)
grid.fit(X, y)

print(grid.best_score_, grid.best_params_)

0.7211894080651812 {'classify__n_neighbors': 5, 'poly_features__degree': 2,
'poly_features__interaction_only': True}
```

现在的准确率是 72.12%，比之前不用多项式扩展的准确率有所提高。

## 4.5 针对文本的特征构建

到目前为止，我们一直在处理分类数据和数值数据。虽然分类数据是字符串，但是里面的文本仅仅是某个类别。我们现在进一步探索更长的文本数据。这种文本数据比单个类别的文本复杂得多，因为长文本包括一系列类别，或称为词项（token）。

在进一步研究之前，我们要保证对文本有了充分的理解。考虑一下商户点评服务：用户在平台上撰写对餐厅和商家的评论，分享对自己体验的看法。这些评论都是文本格式的，包含可用于机器学习的大量有用信息，例如预测最应该去的餐厅。

总体来说，在当今世界中，我们沟通方式的很大一部分还是基于书面文本，无论使用的是聊天服务、社会媒体，还是电子邮件。通过建模，我们可以从中获得海量信息，例如用 Twitter 数据进行情绪分析。

这种工作叫作**自然语言处理**（NLP，natural language processing）。这个领域主要涉及计算机与人类的交流，特别是对计算机进行编程，以处理自然语言。

之前提到过，所有的机器学习模型都需要数值输入。因此处理文本时需要有创造性，有策略地思考如何将文本数据转换为数值特征。有几个办法可以做到，我们开始学习吧。

### 4.5.1 词袋法

scikit-learn 有一个 feature_extraction 模块，非常方便。顾名思义，它能以机器学习算法支持的方法提取数据的特征，包括文本数据。这个模块包括处理文本时需要使用的一些方法。

接下来，我们可能会将文本数据称为语料库（corpus），尤其是指文本内容或文档的集合。

将语料库转换为数值表示（也就是向量化）的常见方法是**词袋**（bag of words），其背后的基本思想是：通过单词的出现来描述文档，完全忽略单词在文档中的位置。在它最简单的形式中，用一个**袋子**表示文本，不考虑语法和词序，并将这个袋子视作一个集合，其中重复度高的单词更重要。词袋的 3 个步骤是：

- ❏ 分词（tokenizing）；
- ❏ 计数（counting）；
- ❏ 归一化（normalizing）。

首先介绍分词。分词过程是用空白和标点将单词分开，将其变为词项。每个可能出现的词项都有一个整数 ID。

然后是计数。简单地计算文档中词项的出现次数。

最后是归一化。将词项在大多数文档中的重要性按逆序排列。

下面了解另外几个向量化方法。

### 4.5.2　`CountVectorizer`

`CountVectorizer` 是将文本数据转换为其向量表示的最常用办法。和虚拟变量类似，`CountVectorizer` 将文本列转换为矩阵，其中的列是词项，单元值是每个文档中每个词项的出现次数。这个矩阵叫**文档-词矩阵**（document-term matrix），因为每行代表一个**文档**（在本例中是一条推文），每列代表一个**词**（一个单词）。

我们用一个新的数据集展示 `CountVectorizer` 的工作原理。Twitter 情感分析数据集包括 1 578 627 条分类后的推文，每行标记为 1 或 0：前者代表正面情绪，后者代表负面情绪。

关于这个数据集的更多信息，请参阅 http://thinknook.com/twitter-sentiment-analysis-training-corpus-dataset-2012-09-22。

我们用 Pandas 的 `read_csv` 方法读入数据。注意我们指定了可选参数 `encoding`，这是为了保证所有的特殊字符都可以正常处理。

```
tweets = pd.read_csv('../data/twitter_sentiment.csv', encoding='latin1')
```

这样可以正确读入特殊格式的数据并处理文本字符。

先看看数据的前几行：

```
tweets.head()
```

结果如下表所示。

|  | ItemID | Sentiment | SentimentText |
|---|---|---|---|
| 0 | 1 | 0 | is so sad for my APL frie... |
| 1 | 2 | 0 | I missed the New Moon trail... |
| 2 | 3 | 1 | omg its already 7:30 :O |
| 3 | 4 | 0 | .. Omgaga. Im sooo im gunna CRy. I'... |
| 4 | 5 | 0 | i think mi bf is cheating on me!!! ... |

我们只关注 Sentiment 和 SentimentText 列，所以删除 ItemID 列：

```
del tweets['ItemID']
```

得到的数据如下表所示。

|  | Sentiment | SentimentText |
|---|---|---|
| 0 | 0 | is so sad for my APL frie... |
| 1 | 0 | I missed the New Moon trail... |
| 2 | 1 | omg its already 7:30 :O |
| 3 | 0 | .. Omgaga. Im sooo im gunna CRy. I'... |
| 4 | 0 | i think mi bf is cheating on me!!! ... |

现在可以导入 CountVectorizer，更好地理解这些文本：

```
from sklearn.feature_extraction.text import CountVectorizer
```

然后设置 X 和 y：

```
X = tweets['SentimentText']
y = tweets['Sentiment']
```

CountVectorizer 和我们一直使用的自定义转换器非常类似，也有操作数据的 fit_transform 函数：

```
vect = CountVectorizer()
_ = vect.fit_transform(X)
print(_.shape)

(99989, 105849)
```

用 CountVectorizer 转换后，数据有 99 989 行和 105 849 列。

CountVectorizer 有很多参数，可以控制构建特征的数量。下面研究其中的一些，更好地了解如何构建特征。

**CountVectorizer 的参数**

我们会介绍以下几个参数：

- ❑ stop_words
- ❑ min_df
- ❑ max_df
- ❑ ngram_range
- ❑ analyzer

stop_words 参数很常用。如果向其传入字符串 english，那么 CountVectorizer 会使用内置的英语停用词列表。你也可以自定义停用词列表。这些词会从词项中删除，不会表示为特征。

例如：

```
vect = CountVectorizer(stop_words='english')   # 删除英语停用词（if、a、the，等等）
_ = vect.fit_transform(X)
print(_.shape)

(99989, 105545)
```

可以看见，使用英语停用词后，特征列从 105 849 下降到 105 545。停用词的意义在于消除特征的噪声，去掉在模型中意义不大的常用词。

另一个参数叫 min_df。它通过忽略在文档中出现频率低于阈值的词，减少特征的数量。

使用 min_df 的 CountVectorizer 如下：

```
vect = CountVectorizer(min_df=.05)   # 只保留至少在 5% 文档中出现的单词
# 减少特征数
_ = vect.fit_transform(X)
print(_.shape)

(99989, 31)
```

这极为有效地减少了特征数。

还有一个参数叫 max_df：

```
vect = CountVectorizer(max_df=.8)   # 只保留至多在 80% 文档中出现的单词
# "推断"停用词
_ = vect.fit_transform(X)
print(_.shape)

(99989, 105849)
```

这类似于试图理解文档中有哪些停用词。

接下来看看 ngram_range 参数。这个参数接收一个元组，表示 $n$ 值的范围（代表要提取的不同 $n$-gram 的数量）上下界。$n$-gram 代表短语：若 $n = 1$，则其是一个词项；若 $n = 2$，则其代表相邻的两个词项。可以预想到，这个方法会显著地增加特征集：

```
vect = CountVectorizer(ngram_range=(1, 5))  # 包括最多 5 个单词的短语
_ = vect.fit_transform(X)
print(_.shape)  # 特征数爆炸
```

```
(99989, 3219557)
```

冒出来了 3 219 557 个特征。因为短语可能有其他含义，所以调整这个参数会对建模有帮助。

CountVectorizer 还可以设置分析器作为参数，以判断特征是单词还是短语。默认是单词：

```
vect = CountVectorizer(analyzer='word')  # 默认分析器，划分为单词
_ = vect.fit_transform(X)
print(_.shape)
```

```
(99989, 105849)
```

因为默认就是划分为单词，所以特征列结果变化不大。

我们甚至可以创建自定义分析器。理论上说，单词是由词根或词干构建而来的，所以可以据此写一个自己的分析器。

词干提取（stemming）是一种常见的自然语言处理方法，可以将词汇中的词干提取出来，也就是把单词转换为其词根，从而缩小词汇量。NLTK 是一个自然语言工具包，里面有几个可以处理文本数据的包，stemmer 就是其中之一。

下面解释一下 stemmer 的工作原理。

(1) 首先导入 stemmer，然后初始化：

```
from nltk.stem.snowball import SnowballStemmer
stemmer = SnowballStemmer('english')
```

(2) 看看 stemmer 的效果：

```
stemmer.stem('interesting')
```

```
'interest'
```

(3) 单词 interesting 变成了词根。现在可以用这个方法创建函数，将单词还原为词根：

```
# 将文本变成词根的函数
def word_tokenize(text, how='lemma'):
    words = text.split(' ')  # 按词分词
    return [stemmer.stem(word) for word in words]
```

(4) 看看这个函数的效果：

```
word_tokenize("hello you are very interesting")
```

```
['hello', 'you', 'are', 'veri', 'interest']
```

(5) 将这个分词器传入分析器参数：

```
vect = CountVectorizer(analyzer=word_tokenize)
_ = vect.fit_transform(X)
print(_.shape)    # 单词变小，特征少了

(99989, 154397)
```

这样处理后的特征减少了，而且符合直觉：我们的词汇量已经通过词干提取缩小了。

CountVectorizer 是一个非常有用的工具，不仅可以扩展特征，还可以将文本转换为数值特征。我们再研究另一个常用的向量化器。

## 4.5.3  TF-IDF 向量化器

TF-IDF 向量化器由两部分组成：表示**词频**的 TF 部分，以及表示**逆文档频率**的 IDF 部分。TF-IDF 是一个用于信息检索和聚类的词加权方法。

对于语料库中的文档，TF-IDF 会给出其中单词的权重，表示重要性。我们把每个部分拆开来看。

- ❑ TF（term frequency，**词频**）：衡量词在文档中出现的频率。由于文档的长度不同，词在长文中的出现次数有可能比在短文中出现的次数多得多。因此，一般会对词频进行归一化，用其除以文档长度或文档的总词数。
- ❑ IDF（inverse document frequency，**逆文档频率**）：衡量词的重要性。在计算词频时，我们认为所有的词都同等重要。但是某些词（如 is、of 和 that）有可能出现很多次，但这些词并不重要。因此，我们需要减少常见词的权重，加大稀有词的权重。

再次强调，TfidfVectorizer 和 CountVectorizer 相同，都从词项构造了特征，但是 TfidfVectorizer 进一步将词项计数按照在语料库中出现的频率进行了归一化。我们看一个例子。

首先是导入语句：

```
from sklearn.feature_extraction.text import TfidfVectorizer
```

还是之前的代码，用 CountVectorizer 生成文档–词矩阵：

```
vect = CountVectorizer()
_ = vect.fit_transform(X)
print(_.shape, _[0,:].mean())

(99989, 105849) 6.613194267305311e-05
```

按此设置 TfidfVectorizer：

```
vect = TfidfVectorizer()
_ = vect.fit_transform(X)
```

```
print(_.shape, _[0,:].mean())  # 行列数相同，内容不同

(99989, 105849) 2.1863060975751192e-05
```

可以看到，两个向量化器输出的行列数相同，但是里面的值不同。这是因为虽然 `TfidfVectorizer` 和 `CountVectorizer` 都可以把文本数据转换为定量数据，但是填充单元值的方法不同。

## 4.5.4 在机器学习流水线中使用文本

当然，向量化器的最终目标都是让机器学习流水线理解文本数据。因为 `CountVectorizer` 和 `TfidfVectorizer` 与本书中的其他转换器一样，所以要使用 scikit-learn 流水线保证机器学习流水线的准确率和诚实度。本例要处理大量的列（数十万），所以我们使用在这种情况下更高效的分类器——朴素贝叶斯（naive Bayes）模型：

```
from sklearn.naive_bayes import MultinomialNB # 特征数多时更快
```

在开始构建流水线之前，取响应列的空准确率（0 是负面情绪，1 是正面情绪）：

```
# 取空准确率
y.value_counts(normalize=True)

1    0.564632
0    0.435368
Name: Sentiment, dtype: float64
```

要让准确率超过 56.5%。我们分两步创建流水线：

❑ 用 `CountVectorizer` 将推文变成特征；
❑ 用朴素贝叶斯模型 `MultiNomialNB` 进行正负面情绪的分类。

首先设置流水线的参数，然后实例化网格搜索：

```
# 设置流水线参数
pipe_params = {'vect__ngram_range':[(1, 1), (1, 2)], 'vect__max_features':[1000,
10000], 'vect__stop_words':[None, 'english']}

# 实例化流水线
pipe = Pipeline([('vect', CountVectorizer()), ('classify', MultinomialNB())])

# 实例化网格搜索
grid = GridSearchCV(pipe, pipe_params)
# 拟合网格搜索对象
grid.fit(X, y)

# 取结果
print(grid.best_score_, grid.best_params_)

0.7557531328446129 {'vect__max_features': 10000, 'vect__ngram_range': (1, 2),
'vect__stop_words': None}
```

结果是 75.6%，很不错！现在进一步调优，加入 TfidfVectorizer。这次我们尝试新的做法，比简单地利用 TF-IDF 建立流水线高级一些。scikit-learn 有一个 FeatureUnion 模块，可以水平（并排）排列特征。这样，在一个流水线中可以使用多种类型的文本特征构建器。

例如，可以构建一个 featurizer 对象，在推文上使用 TfidfVectorizer 和 CountVectorizer，并且并排排列推文（行数相同，增加列数）：

```
from sklearn.pipeline import FeatureUnion
# 单独的特征构建器对象
featurizer = FeatureUnion([('tfidf_vect', TfidfVectorizer()), ('count_vect',
CountVectorizer())])
```

然后可以看见数据的变化情况：

```
_ = featurizer.fit_transform(X)
print(_.shape) # 行数相同，但列数为 2 倍

(99989, 211698)
```

可以看到，结合两个特征构建器后的数据集行数相同，但是因为 TfidfVectorizer 和 CountVectorizer 并排，所以列数加倍。这样做可以让机器学习模型同时从两组数据中学习。我们稍稍改变 featurizer 对象的参数，看看效果：

```
featurizer.set_params(tfidf_vect__max_features=100, count_vect__ngram_range=(1, 2),
count_vect__max_features=300)
# TfidfVectorizer 只保留 100 个单词，而 CountVectorizer 保留 300 个 1～2 个单词的短语
_ = featurizer.fit_transform(X)
print(_.shape) # 行数相同，但列数为 2 倍

(99989, 400)
```

我们建立一个更完整的流水线，包括两个向量化器的特征结合：

```
pipe_params = {'featurizer__count_vect__ngram_range':[(1, 1), (1, 2)],
'featurizer__count_vect__max_features':[1000, 10000],
'featurizer__count_vect__stop_words':[None, 'english'],
'featurizer__tfidf_vect__ngram_range':[(1, 1), (1, 2)],
'featurizer__tfidf_vect__max_features':[1000, 10000],
'featurizer__tfidf_vect__stop_words':[None, 'english']}
pipe = Pipeline([('featurizer', featurizer), ('classify', MultinomialNB())])
grid = GridSearchCV(pipe, pipe_params)
grid.fit(X, y)
print(grid.best_score_, grid.best_params_)

 0.758433427677 {'featurizer__tfidf_vect__max_features': 10000,
'featurizer__tfidf_vect__stop_words': 'english',
'featurizer__count_vect__stop_words': None,
'featurizer__count_vect__ngram_range': (1, 2),
'featurizer__count_vect__max_features': 10000,
'featurizer__tfidf_vect__ngram_range': (1, 1)}
```

这比单独使用 `CountVectorizer` 好多了。值得注意的是，`CountVectorizer` 的最佳 `ngram_range` 是(1, 2)，而 `TfidfVectorizer` 的是(1, 1)，代表单个词的出现没有 2 个单词的短语那么重要。

> 至此，我们知道以下方法可以让流水线更加复杂：
> ❑ 对向量化器的几十个参数使用网格搜索；
> ❑ 在流水线上添加步骤，例如多项式特征构造。
> 但是对于本书而言这些操作很麻烦，在大多数笔记本电脑上要跑好几个小时。你可以继续扩大流水线，尝试超过我们的得分记录。

本章的内容很多。文本有可能很难处理。在讽刺性语言、拼写错误和词汇量大小中间，数据科学家和机器学习工程师忙得不可开交。这个处理文本的例子告诉我们，可以用自己的大型文本数据集做实验，取得自己的结果。

## 4.6  小结

目前，我们学习了如何在分类数据和数值数据中填充缺失值，如何对分类变量进行编码，以及如何创建自定义转换器并拟合进流水线。此外，还探讨了几种针对数值数据和文本数据的特征构建方法。

在下一章中，我们会观察自己构建的特征，并思考为机器学习模型选择合适特征的方法。

# 第 5 章

# 特征选择：对坏属性说不

本书过半，我们处理了十余个数据集，并学习了大量特征选择方法。作为数据科学家和机器学习工程师，我们可以在工作和生活中利用这些方法，以保证充分利用预测模型。目前为止，在处理数据方面，我们已经使用了如下方法。

❑ 特征理解：理解数据的等级。

❑ 特征增强：填充缺失值。

❑ 特征标准化和正则化。

每个方法在数据流水线中都有一席之地，更常见的现象是，我们会串联两个或多个处理方法。

本书剩余部分将着重介绍特征工程中更涉及数学、更加复杂的其他一些方法。随着工作流程的增长，我们会尽量不去讲解每个统计测试的内部原理，而是关注大局，让你理解测试要达到的目标。作为作者和指导者，我们随时欢迎你提出关于统计学原理的问题。

讨论特征时经常遇到噪声问题。通常，我们手上的特征有可能预测性不高，有时甚至会阻碍模型的预测性能。我们使用过标准化和正则化等方法来减轻其危害，但是总有一天需要解决这种问题。

本章会讨论特征工程的一个子集，称为**特征选择**。特征选择是从原始数据中选择对于预测流水线而言**最好**的特征的过程。更正式地说，给定 $n$ 个特征，我们搜索其中包括 $k$（$k < n$）个特征的子集来改善机器学习流水线的性能。一般来说，我们的意思是：

**特征选择尝试剔除数据中的噪声。**

这个定义包括两个需要解决的问题：

❑ 找到 $k$ 特征子集的办法；

❑ 在机器学习中对"更好"的定义。

本章的大部分内容着重讲解寻找这类子集的方法，及其工作原理的基础。本章将特征选择的方法分为两大类：基于统计的特征选择，以及基于模型的特征选择。这种分类也许不能 100% 捕捉到特征选择在科学性和艺术性上的复杂程度，但是可以推动机器学习流水线输出真实、可应用的结果。

在深入探讨这些方法之前，首先讨论一下如何更好地理解并定义"更好"这个概念。这个概念会贯穿本章乃至本书的剩余部分。

本章会涉及如下主题：

❑ 在特征工程中实现更好的性能；
❑ 创建基准机器学习流水线；
❑ 特征选择的类型；
❑ 选用正确的特征选择方法。

## 5.1 在特征工程中实现更好的性能

在本书中，当我们讨论特征工程的方法时，需要对"更好"下定义。实际上，我们的目标是实现更好的预测性能，而且仅使用简单的指标进行测量，例如分类任务的准确率和回归任务的均方根误差（大部分是准确率）。我们还可以测量和跟踪其他指标，以评估预测的性能。例如，分类任务可以使用如下指标：

❑ 真阳性率和假阳性率；
❑ 灵敏度（真阳性率）和特异性；
❑ 假阴性率和假阳性率。

回归任务则可以使用：

❑ 平均绝对误差；
❑ $R^2$。

这个列表还可以继续延长。虽然我们不会放弃用以上指标量化性能的想法，但是也可以测量其他**元指标**。元指标是指不直接与模型预测性能相关的指标，它们试图衡量**周遭**的性能，包括：

❑ 模型拟合/训练所需的时间；
❑ 拟合后的模型预测新实例的时间；
❑ 需要持久化（永久保存）的数据大小。

这补充了**更好**的定义，因为这些指标在预测性能之外涵盖了机器学习流水线的更多方面。为了跟踪这些指标，我们可以创建一个函数，通用到足以评估若干模型，同时精细到可以提供每个模型的指标。我们会利用 `get_best_model_and_accuracy` 函数，完成以下任务：

❑ 搜索所有给定的参数，优化机器学习流水线；
❑ 输出有助于评估流水线质量的指标。

我们按如下办法定义该函数：

```
# 导入网格搜索模块
from sklearn.model_selection import GridSearchCV


def get_best_model_and_accuracy(model, params, X, y):
    grid = GridSearchCV(model, # 要搜索的模型
                        params, # 要尝试的参数
                        error_score=0.) # 如果报错，结果是 0
    grid.fit(X, y) # 拟合模型和参数
    # 经典的性能指标
    print("Best Accuracy: {}".format(grid.best_score_))
    # 得到最佳准确率的最佳参数
    print("Best Parameters: {}".format(grid.best_params_))
    # 拟合的平均时间（秒）
    print("Average Time to Fit (s):
{}".format(round(grid.cv_results_['mean_fit_time'].mean(), 3)))
    # 预测的平均时间（秒）
    # 从该指标可以看出模型在真实世界的性能
    print("Average Time to Score (s):
{}".format(round(grid.cv_results_['mean_score_time'].mean(), 3)))
```

这个函数的总体目标是给出一个基线数据，因为我们会用这个函数评估每个特征选择方法，带来一种标准化的感觉。虽然本质上和之前的工作没什么区别，但是这次把工作形式化成函数，而且用另外的指标为机器学习流水线和特征选择模块打分，而不是只看准确率。

## 案例分析：信用卡逾期数据集

特征选择算法可以智能地从数据中提取最重要的信号并忽略噪声，达到以下两个结果。

- ❑ **提升模型性能**：在删除冗余数据后，基于噪声和不相关数据做出错误决策的情况会减少，而且模型可以在重要的特征上练习，提高预测性能。

- ❑ **减少训练和预测时间**：因为拟合的数据更少，所以模型一般在拟合和训练上有速度提升，让流水线的整体速度更快。

为了更好地理解噪声以及为什么噪声有妨碍作用，我们介绍一个新的数据集：信用卡逾期数据集。我们使用 23 个特征和一个响应变量。这个变量是一个布尔值，可以是 True（真）或 False（假）。我们想知道，能否在 23 个特征中找出对机器学习流水线有帮助和有害的特征。用以下代码导入数据集：

```
import pandas as pd
import numpy as np

# 用随机数种子保证随机数永远一致
np.random.seed(123)
```

先导入两个常见模块 numpy 和 pandas，并设置随机数种子，保持运行结果一致。然后，用以下代码导入数据集：

```
# archive.ics.uci.edu/ml/datasets/default+of+credit+card+clients
# 导入数据集
credit_card_default = pd.read_csv('../data/credit_card_default.csv')
```

先进行基本的探索性数据分析。检查一下数据集的大小，代码如下：

```
# 30 000 行, 24 列
credit_card_default.shape
```

数据有 30 000 行（观察值）和 24 列（1 个响应，23 个特征）。我们不深入探讨各列的含义，但是鼓励读者到数据网站 http://archive.ics.uci.edu/ml/datasets/default+of+credit+card+clients 上查看。我们先使用传统的统计方法：

```
# 描述性统计
# 调用 .T 方法进行转置，以便更好地观察
credit_card_default.describe().T
```

输出如下表所示。

| | count | mean | std | min | 25% | 50% | 75% | max |
|---|---|---|---|---|---|---|---|---|
| LIMIT_BAL | 30000.0 | 167484.322667 | 129747.661567 | 10000.0 | 50000.00 | 140000.0 | 240000.00 | 1000000.0 |
| SEX | 30000.0 | 1.603733 | 0.489129 | 1.0 | 1.00 | 2.0 | 2.00 | 2.0 |
| EDUCATION | 30000.0 | 1.853133 | 0.790349 | 0.0 | 1.00 | 2.0 | 2.00 | 6.0 |
| MARRIAGE | 30000.0 | 1.551867 | 0.521970 | 0.0 | 1.00 | 2.0 | 2.00 | 3.0 |
| AGE | 30000.0 | 35.485500 | 9.217904 | 21.0 | 28.00 | 34.0 | 41.00 | 79.0 |
| PAY_0 | 30000.0 | −0.016700 | 1.123802 | −2.0 | −1.00 | 0.0 | 0.00 | 8.0 |
| PAY_2 | 30000.0 | −0.133767 | 1.197186 | −2.0 | −1.00 | 0.0 | 0.00 | 8.0 |
| PAY_3 | 30000.0 | −0.166200 | 1.196868 | −2.0 | −1.00 | 0.0 | 0.00 | 8.0 |
| PAY_4 | 30000.0 | −0.220667 | 1.169139 | −2.0 | −1.00 | 0.0 | 0.00 | 8.0 |
| PAY_5 | 30000.0 | −0.266200 | 1.133187 | −2.0 | −1.00 | 0.0 | 0.00 | 8.0 |
| PAY_6 | 30000.0 | −0.291100 | 1.149988 | −2.0 | −1.00 | 0.0 | 0.00 | 8.0 |
| BILL_AMT1 | 30000.0 | 51223.330900 | 73635.860576 | −165580.0 | 3558.75 | 22381.5 | 67091.00 | 964511.0 |
| BILL_AMT2 | 30000.0 | 49179.075167 | 71173.768783 | −69777.0 | 2984.75 | 21200.0 | 64006.25 | 983931.0 |
| BILL_AMT3 | 30000.0 | 47013.154800 | 69349.387427 | −157264.0 | 2666.25 | 20088.5 | 60164.75 | 1664089.0 |
| BILL_AMT4 | 30000.0 | 43262.948967 | 64332.856134 | −170000.0 | 2326.75 | 19052.0 | 54506.00 | 891586.0 |
| BILL_AMT5 | 30000.0 | 40311.400967 | 60797.155770 | −81334.0 | 1763.00 | 18104.5 | 50190.50 | 927171.0 |
| BILL_AMT6 | 30000.0 | 38871.760400 | 59554.107537 | −339603.0 | 1256.00 | 17071.0 | 49198.25 | 961664.0 |
| PAY_AMT1 | 30000.0 | 5663.580500 | 16563.280354 | 0.0 | 1000.00 | 2100.0 | 5006.00 | 873552.0 |
| PAY_AMT2 | 30000.0 | 5921.163500 | 23040.870402 | 0.0 | 833.00 | 2009.0 | 5000.00 | 1684259.0 |
| PAY_AMT3 | 30000.0 | 5225.681500 | 17606.961470 | 0.0 | 390.00 | 1800.0 | 4505.00 | 891586.0 |
| PAY_AMT4 | 30000.0 | 4826.076867 | 15666.159744 | 0.0 | 296.00 | 1500.0 | 4013.25 | 621000.0 |
| PAY_AMT5 | 30000.0 | 4799.387633 | 15278.305679 | 0.0 | 252.50 | 1500.0 | 4031.50 | 426529.0 |
| PAY_AMT6 | 30000.0 | 5215.502567 | 17777.465775 | 0.0 | 117.75 | 1500.0 | 4000.00 | 528666.0 |
| default payment next month | 30000.0 | 0.221200 | 0.415062 | 0.0 | 0.00 | 0.0 | 0.00 | 1.0 |

5

default payment next month（下个月逾期）是响应，其他都是特征，或者说是潜在的预测变量。很明显，特征的尺度迥异，这会是我们选择数据处理方法和模型时需要考虑的因素。在前面的章节中，我们使用 StandardScalar 和归一化解决了这些问题，而本章会忽略这些问题，以便集中处理更相关的问题。

 在本书的最后一章中，我们会关注几个案例，几乎涉及本书介绍的、对数据集进行长期分析的所有技巧。

在前几章中我们已经知道，缺失值是一个很大的问题。因此快速检查一下，确保不存在缺失值：

```
# 检查缺失值，本数据集中不存在
credit_card_default.isnull().sum()
```

```
LIMIT_BAL                     0
SEX                           0
EDUCATION                     0
MARRIAGE                      0
AGE                           0
PAY_0                         0
PAY_2                         0
PAY_3                         0
PAY_4                         0
PAY_5                         0
PAY_6                         0
BILL_AMT1                     0
BILL_AMT2                     0
BILL_AMT3                     0
BILL_AMT4                     0
BILL_AMT5                     0
BILL_AMT6                     0
PAY_AMT1                      0
PAY_AMT2                      0
PAY_AMT3                      0
PAY_AMT4                      0
PAY_AMT5                      0
PAY_AMT6                      0
default payment next month    0
dtype: int64
```

太好了，没有缺失值。我们在之后的案例分析中会再次处理缺失值，但是现在有更重要的事情要做。接下来为机器学习流水线设置变量，代码如下：

```
# 特征矩阵
X = credit_card_default.drop('default payment next month', axis=1)

# 响应变量
y = credit_card_default['default payment next month']
```

和往常一样创建 X 和 y 变量。X 矩阵有 30 000 行和 23 列，而 y 是长度为 30 000 的 Pandas Series。因为要执行分类任务，所以取一个空准确率，确保机器学习的性能比基准更好。代码如下：

```
# 取空准确率
y.value_counts(normalize=True)

0    0.7788
1    0.2212
```

本例需要击败 **77.88%** 这个准确率，也就是没有逾期者的比例（0 代表没有逾期）。

## 5.2 创建基准机器学习流水线

在前几章里，我们都提供了一个全章通用的机器学习模型。在本章中，我们会做一些工作，寻找最符合我们需求的机器学习模型，然后通过特征选择来增强模型。先导入 4 种模型：

- ❑ 逻辑回归；
- ❑ *K* 最近邻（KNN）；
- ❑ 决策树；
- ❑ 随机森林。

代码如下：

```
# 导入 4 种模型
from sklearn.linear_model import LogisticRegression
from sklearn.neighbors import KNeighborsClassifier
from sklearn.tree import DecisionTreeClassifier
from sklearn.ensemble import RandomForestClassifier
```

导入后执行 get_best_model_and_accuracy 函数，取得每个模型处理原始数据的基准。需要先建立一些变量，代码如下：

```
# 为网格搜索设置变量
# 先设置机器学习模型的参数

# 逻辑回归
lr_params = {'C':[1e-1, 1e0, 1e1, 1e2], 'penalty':['l1', 'l2']}

# KNN
knn_params = {'n_neighbors': [1, 3, 5, 7]}

# 决策树
tree_params = {'max_depth':[None, 1, 3, 5, 7]}

# 随机森林
forest_params = {'n_estimators': [10, 50, 100], 'max_depth': [None, 1, 3, 5, 7]}
```

 如果你不熟悉这些模型，可以阅读文档或《数据科学原理》一书，里面包含有关算法的详细解释。

因为我们通过函数设置模型,而这会调用一个网格搜索模型,所以只需要创建空白模型即可,代码如下:

```
# 实例化机器学习模型
lr = LogisticRegression()
knn = KNeighborsClassifier()
d_tree = DecisionTreeClassifier()
forest = RandomForestClassifier()
```

我们在所有的模型上运行评估函数,了解一下效果的好坏。记住,我们要击败的精确率是0.7788,也就是基线空准确率。运行模型的代码如下:

```
get_best_model_and_accuracy(lr, lr_params, X, y)

Best Accuracy: 0.809566666667
Best Parameters: {'penalty': 'l1', 'C': 0.1}
Average Time to Fit (s): 0.602
Average Time to Score (s): 0.002
```

可以看见,逻辑回归只用原始数据就打败了空准确率。它拟合训练集平均需要 0.6 s,而只用20 ms 就可以得出结果。这其实是有道理的:要拟合数据,scikit-learn 的逻辑回归需要在内存中创建一个巨大的矩阵,但是预测时只需要相乘并做一点标量计算。

我们在 KNN 上做同样的处理:

```
get_best_model_and_accuracy(knn, knn_params, X, y)

Best Accuracy: 0.760233333333
Best Parameters: {'n_neighbors': 7}
Average Time to Fit (s): 0.035
Average Time to Score (s): 0.88
```

不出所料,KNN 在拟合时间上表现得更好。因为在拟合时,KNN 只需要按方便检索和及时处理的方法存储数据。注意,这里的准确率甚至不如空准确率!你有可能在考虑原因是什么。如果你想到**"等等,KNN 是按照欧几里得距离进行预测的,在非标准数据上可能会失效,但是其他 3 个算法不会受此影响"**,那么你是对的。

KNN 是基于距离的模型,使用空间的紧密度衡量,假定所有的特征尺度相同,但是我们知道数据并不是这样。因此对于 KNN,我们需要更复杂的流水线,以更准确地评估基准性能。代码如下:

```
# 导入所需的包
from sklearn.pipeline import Pipeline
from sklearn.preprocessing import StandardScaler

# 为流水线设置 KNN 参数
knn_pipe_params = {'classifier__{}'.format(k): v for k, v in knn_params.items()}

# KNN 需要标准化的参数
knn_pipe = Pipeline([('scale', StandardScaler()), ('classifier', knn)])
```

```
# 拟合快，预测慢
get_best_model_and_accuracy(knn_pipe, knn_pipe_params, X, y)

print(knn_pipe_params)  # {'classifier__n_neighbors': [1, 3, 5, 7]}

Best Accuracy: 0.8008
Best Parameters: {'classifier__n_neighbors': 7}
Average Time to Fit (s): 0.035
Average Time to Score (s): 6.723
```

首先注意，在用 `StandardScalar` 进行 $z$ 分数标准化处理后，这个流水线的准确率至少比空准确率要高，但是这也严重影响了预测时间，因为多了一个预处理步骤。目前，逻辑回归依然领先：准确率更高，速度更快。我们继续讨论两个基于树的模型，从更简单的决策树开始：

```
get_best_model_and_accuracy(d_tree, tree_params, X, y)

Best Accuracy: 0.820266666667
Best Parameters: {'max_depth': 3}
Average Time to Fit (s): 0.158
Average Time to Score (s): 0.002
```

真厉害！现在决策树的准确率是第一，而且拟合和预测的速度也很快。实际上，决策树的拟合速度比逻辑回归快，预测速度比 KNN 快。我们最后测试一下随机森林，代码如下：

```
get_best_model_and_accuracy(forest, forest_params, X, y)

Best Accuracy: 0.819566666667
Best Parameters: {'n_estimators': 50, 'max_depth': 7}
Average Time to Fit (s): 1.107
Average Time to Score (s): 0.044
```

比逻辑回归和 KNN 好得多，但是没有决策树好。我们汇总一下结果，看看应该使用哪个模型。

| 模　型 | 准确率（%） | 拟合时间（s） | 预测时间（s） |
|---|---|---|---|
| 逻辑回归 | 0.8096 | 0.602 | **0.002** |
| KNN（带缩放） | 0.8008 | **0.035** | 6.72 |
| 决策树 | **0.8203** | 0.158 | **0.002** |
| 随机森林 | 0.8196 | 1.107 | 0.044 |

决策树的准确率最高，并且预测时间和逻辑回归并列第一，而带缩放的 KNN 拟合最快。总体而言，决策树应该是最适合下一步采用的模型，因为它在两个最重要的指标上领先：

❑ 我们想要最高的准确率，以保证预测的准确性；

❑ 考虑到实时生产环境，预测时间低大有裨益。

我们使用的办法是在选择特征之前选择模型。虽然不必要，但是在时间有限的情况下这样做一般很省时。你可以尝试多种模型，不必拘泥于一个模型。

既然知道了要使用决策树，那么：

☐ 要击败的新基线准确率是 0.8203，即拟合整个数据集的准确率；
☐ 不再需要 StandardScaler 了，因为决策树不受其影响。

## 5.3 特征选择的类型

回想一下，选择特征是为了提高预测能力，降低时间成本。所以这里介绍两种类型：基于统计和基于模型的特征选择。基于统计的特征选择很大程度上依赖于机器学习模型之外的统计测试，以便在流水线的训练阶段选择特征。基于模型的特征选择则依赖于一个预处理步骤，需要训练一个辅助的机器学习模型，并利用其预测能力来选择特征。

这两种类型都试图从原始特征中选择一个子集，减少数据大小，只留下预测能力最高的特征。我们可以依靠自己的智慧来选择特征，但实际上通过每种方法的例子对相应的流水线性能进行测量也很有效。

首先，我们研究如何依靠统计测试从数据集中选择可行的特征。

### 5.3.1 基于统计的特征选择

通过统计数据，我们可以快速、简便地解释定量和定性数据。前几章使用了一些统计方法来获取关于数据的新知识和新看法，特别是我们认识到，均值和标准差是计算 $z$ 分数和数据缩放的指标。本章会使用两个新概念帮我们选择特征：

☐ 皮尔逊相关系数（Pearson correlations）；
☐ 假设检验。

这两个方法都是**单变量**方法。意思是，如果为了提高机器学习流水线性能而每次选择**单一**特征以创建更好的数据集，这种方法最简便。

#### 1. 使用皮尔逊相关系数

我们其实已经见过相关系数了，但并非用于特征选择。我们已经知道，可以这样计算相关系数：

```
credit_card_default.corr()
```

上面代码的输出如下表所示。

| | LIMIT_BAL | SEX | EDUCATION | MARRIAGE | AGE | PAY_0 | PAY_2 | PAY_3 | PAY_4 | PAY_5 |
|---|---|---|---|---|---|---|---|---|---|---|
| LIMIT_BAL | 1.000000 | 0.024755 | −0.219161 | −0.108139 | 0.144713 | −0.271214 | −0.296382 | −0.286123 | −0.267460 | −0.249411 |
| SEX | 0.024755 | 1.000000 | 0.014232 | −0.031389 | −0.090874 | −0.057643 | −0.070771 | −0.066096 | −0.060173 | −0.055064 |
| EDUCATION | −0.219161 | 0.014232 | 1.000000 | −0.143464 | 0.175061 | 0.105364 | 0.121566 | 0.114025 | 0.108793 | 0.097520 |
| MARRIAGE | −0.108139 | −0.031389 | −0.143464 | 1.000000 | −0.414170 | 0.019917 | 0.024199 | 0.032688 | 0.033122 | 0.035629 |
| AGE | 0.144713 | −0.090874 | 0.175061 | −0.414170 | 1.000000 | −0.039447 | −0.050148 | −0.053048 | −0.049722 | −0.053826 |
| PAY_0 | −0.271214 | −0.057643 | 0.105364 | 0.019917 | −0.039447 | 1.000000 | 0.672164 | 0.574245 | 0.538841 | 0.509426 |
| PAY_2 | −0.296382 | −0.070771 | 0.121566 | 0.024199 | −0.050148 | 0.672164 | 1.000000 | 0.766552 | 0.662067 | 0.622780 |
| PAY_3 | −0.286123 | −0.066096 | 0.114025 | 0.032688 | −0.053048 | 0.574245 | 0.766552 | 1.000000 | 0.777359 | 0.686775 |
| PAY_4 | −0.267460 | −0.060173 | 0.108793 | 0.033122 | −0.049722 | 0.538841 | 0.662067 | 0.777359 | 1.000000 | 0.819835 |
| PAY_5 | −0.249411 | −0.055064 | 0.097520 | 0.035629 | −0.053826 | 0.509426 | 0.622780 | 0.686775 | 0.819835 | 1.000000 |
| PAY_6 | −0.235195 | −0.044008 | 0.082316 | 0.034345 | −0.048773 | 0.474553 | 0.575501 | 0.632684 | 0.716449 | 0.816900 |
| BILL_AMT1 | 0.285430 | −0.033642 | 0.023581 | −0.023472 | 0.056239 | 0.187068 | 0.234887 | 0.208473 | 0.202812 | 0.206684 |
| BILL_AMT2 | 0.278314 | −0.031183 | 0.018749 | −0.021602 | 0.054283 | 0.189859 | 0.235257 | 0.237295 | 0.225816 | 0.226913 |
| BILL_AMT3 | 0.283236 | −0.024563 | 0.013002 | −0.024909 | 0.053710 | 0.179785 | 0.224146 | 0.227494 | 0.244983 | 0.243335 |
| BILL_AMT4 | 0.293988 | −0.021880 | −0.000451 | −0.023344 | 0.051353 | 0.179125 | 0.222237 | 0.227202 | 0.245917 | 0.271915 |
| BILL_AMT5 | 0.295562 | −0.017005 | −0.007567 | −0.025393 | 0.049345 | 0.180635 | 0.221348 | 0.225145 | 0.242902 | 0.269783 |
| BILL_AMT6 | 0.290389 | −0.016733 | −0.009099 | −0.021207 | 0.047613 | 0.176980 | 0.219403 | 0.222327 | 0.239154 | 0.262509 |
| PAY_AMT1 | 0.195236 | −0.000242 | −0.037456 | −0.005979 | 0.026147 | −0.079269 | −0.080701 | 0.001295 | −0.009362 | −0.006089 |
| PAY_AMT2 | 0.178408 | −0.001391 | −0.030038 | −0.008093 | 0.021785 | −0.070101 | −0.058990 | −0.066793 | −0.001944 | −0.003191 |
| PAY_AMT3 | 0.210167 | −0.008597 | −0.039943 | −0.003541 | 0.029247 | −0.070561 | −0.055901 | −0.053311 | −0.069235 | 0.009062 |
| PAY_AMT4 | 0.203242 | −0.002229 | −0.038218 | −0.012659 | 0.021379 | −0.064005 | −0.046858 | −0.046067 | −0.043461 | −0.058299 |
| PAY_AMT5 | 0.217202 | −0.001667 | −0.040358 | −0.001205 | 0.022850 | −0.058190 | −0.037093 | −0.035863 | −0.033590 | −0.033337 |
| PAY_AMT6 | 0.219595 | −0.002766 | −0.037200 | −0.006641 | 0.019478 | −0.058673 | −0.036500 | −0.035861 | −0.026565 | −0.023027 |
| default payment next month | −0.153520 | −0.039961 | 0.028006 | −0.024339 | 0.013890 | 0.324794 | 0.263551 | 0.235253 | 0.216614 | 0.204149 |

下面是上表的后半部分。

| | BILL_AMT4 | BILL_AMT5 | BILL_AMT6 | PAY_AMT1 | PAY_AMT2 | PAY_AMT3 | PAY_AMT4 | PAY_AMT5 | PAY_AMT6 | default payment next month |
|---|---|---|---|---|---|---|---|---|---|---|
| LIMIT_BAL | 0.293988 | 0.295562 | 0.290389 | 0.195236 | 0.178408 | 0.210167 | 0.203242 | 0.217202 | 0.219595 | −0.153520 |
| SEX | −0.021880 | −0.017005 | −0.016733 | −0.000242 | −0.001391 | −0.008597 | −0.002229 | −0.001667 | −0.002766 | −0.039961 |
| EDUCATION | −0.000451 | −0.007567 | −0.009099 | −0.037456 | −0.030038 | −0.039943 | −0.038218 | −0.040358 | −0.037200 | 0.028006 |
| MARRIAGE | −0.023344 | −0.025393 | −0.021207 | −0.005979 | −0.008093 | −0.003541 | −0.012659 | −0.001205 | −0.006641 | −0.024339 |
| AGE | 0.051353 | 0.049345 | 0.047613 | 0.026147 | 0.021785 | 0.029247 | 0.021379 | 0.022850 | 0.019478 | 0.013890 |
| PAY_0 | 0.179125 | 0.180635 | 0.176980 | −0.079269 | −0.070101 | −0.070561 | −0.064005 | −0.058190 | −0.058673 | 0.324794 |
| PAY_2 | 0.222237 | 0.221348 | 0.219403 | −0.080701 | −0.058990 | −0.055901 | −0.046858 | −0.037093 | −0.036500 | 0.263551 |
| PAY_3 | 0.227202 | 0.225145 | 0.222327 | 0.001295 | −0.066793 | −0.053311 | −0.046067 | −0.035863 | −0.035861 | 0.235253 |
| PAY_4 | 0.245917 | 0.242902 | 0.239154 | −0.009362 | −0.001944 | −0.069235 | −0.043461 | −0.033590 | −0.026565 | 0.216614 |
| PAY_5 | 0.271915 | 0.269783 | 0.262509 | 0.006089 | −0.003191 | −0.009062 | −0.058299 | −0.033337 | −0.023027 | 0. 204149 |
| PAY_6 | 0.266356 | 0.290894 | 0.285091 | −0.001496 | −0.005223 | 0.005834 | 0.019018 | −0.046434 | −0.025299 | 0.186866 |
| BILL_AMT1 | 0.860272 | 0. 829779 | 0.802650 | 0.140277 | 0.096355 | 0.156887 | 0.158303 | 0.167026 | 0.179341 | −0.019644 |
| BILL_AMT2 | 0.892482 | 0.859778 | 0.831594 | 0.280365 | 0.100851 | 0.150718 | 0.147398 | 0.157957 | 0.174256 | −0.014193 |
| BILL_AMT3 | 0.923969 | 0.883910 | 0.853320 | 0.244335 | 0.316936 | 0.130011 | 0.143405 | 0.179712 | 0.182326 | −0.014076 |
| BILL_AMT4 | 1.000000 | 0.940134 | 0.900941 | 0.233012 | 0.207564 | 0.300023 | 0.130191 | 0.160433 | 0.177637 | −0.010156 |
| BILL_AMT5 | 0.940134 | 1.000000 | 0.946197 | 0.217031 | 0.181246 | 0.252305 | 0.293118 | 0.141574 | 0.164184 | −0.006760 |
| BILL_AMT6 | 0.900941 | 0.946197 | 1.000000 | 0.199965 | 0.172663 | 0.233770 | 0.250237 | 0.307729 | 0.115494 | −0.005372 |
| PAY_AMT1 | 0.233012 | 0.217031 | 0.199965 | 1.000000 | 0.285576 | 0.252191 | 0.199558 | 0.148459 | 0.185735 | −0.072929 |
| PAY_AMT2 | 0.207564 | 0.181246 | 0.172663 | 0.285576 | 1.000000 | 0.244770 | 0.180107 | 0.180908 | 0.157634 | −0.058579 |
| PAY_AMT3 | 0.300023 | 0.252305 | 0.233770 | 0.252191 | 0.244770 | 1.000000 | 0.216325 | 0.159214 | 0.162740 | −0.056250 |
| PAY_AMT4 | 0.130191 | 0.293118 | 0.250237 | 0.199558 | 0.180107 | 0.216325 | 1.000000 | 0.151830 | 0.157834 | −0.056827 |
| PAY_AMT5 | 0.160433 | 0.141574 | 0.307729 | 0.148459 | 0.180908 | 0.159214 | 0.151830 | 1.000000 | 0.154896 | −0.055124 |
| PAY_AMT6 | 0.177637 | 0.164184 | 0.115494 | 0.185735 | 0.157634 | 0.162740 | 0.157834 | 0.154896 | 1.000000 | −0.053183 |
| default payment next month | −0.010156 | −0.006760 | −0.005372 | −0.072929 | −0.058579 | −0.056250 | −0.056827 | −0.055124 | −0.053183 | 1.000000 |

5

皮尔逊相关系数（是 Pandas 默认的）会测量列之间的**线性**关系。该系数在–1 ~ 1 变化，0 代表没有线性关系。相关性接近–1 或 1 代表线性关系很强。

 值得注意的是，皮尔逊相关系数要求每列是正态分布的（我们没有这样假设）。在很大程度上，我们也可以忽略这个要求，因为数据集很大（超过 500 的阈值）[①]。

Pandas 的 .corr() 方法会为所有的列计算皮尔逊相关系数。这个 24 × 24 的矩阵很难读，我们用热图优化一下：

```
# 用 Seaborn 生成热图
import seaborn as sns
import matplotlib.style as style
# 选用一个干净的主题
style.use('fivethirtyeight')
sns.heatmap(credit_card_default.corr())
```

生成的热图如下图所示。

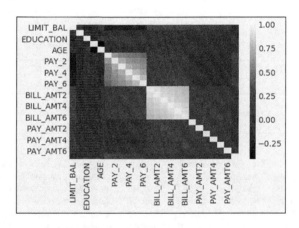

注意，heatmap 函数会自动选择最相关的特征进行展示。不过，我们目前关注特征和响应变量的相关性。我们假设，和响应变量越相关，特征就越有用。不太相关的特征应该没有什么用。

 也可以用相关系数确定特征交互和冗余变量。发现并删除这些冗余变量是减少机器学习过拟合问题的一个关键方法。我们会在 5.3.2 节中讨论这个问题。

用下面的代码隔离特征和响应变量的相关性：

```
# 只有特征和响应的相关性
credit_card_default.corr()['default payment next month']

LIMIT_BAL                 -0.153520
```

---

[①] 根据中心极限定理，当数据量足够大时，可以认为数据是近似正态分布的。——译者注

```
SEX                            -0.039961
EDUCATION                       0.028006
MARRIAGE                       -0.024339
AGE                             0.013890
PAY_0                           0.324794
PAY_2                           0.263551
PAY_3                           0.235253
PAY_4                           0.216614
PAY_5                           0.204149
PAY_6                           0.186866
BILL_AMT1                      -0.019644
BILL_AMT2                      -0.014193
BILL_AMT3                      -0.014076
BILL_AMT4                      -0.010156
BILL_AMT5                      -0.006760
BILL_AMT6                      -0.005372
PAY_AMT1                       -0.072929
PAY_AMT2                       -0.058579
PAY_AMT3                       -0.056250
PAY_AMT4                       -0.056827
PAY_AMT5                       -0.055124
PAY_AMT6                       -0.053183
default payment next month      1.000000
Name: default payment next month, dtype: float64
```

最后一行可以忽略，因为这是响应变量和自己的相关性。我们寻找相关系数接近–1 或 1 的特征，因为这些特征应该会对预测有用。我们用 Pandas 过滤出相关系数超过正负 0.2 的特征。

先定义一个 Pandas mask 作为过滤器：

```
# 只留下相关系数超过正负 0.2 的特征

credit_card_default.corr()['default payment next month'].abs() > .2
```

```
LIMIT_BAL                      False
SEX                            False
EDUCATION                      False
MARRIAGE                       False
AGE                            False
PAY_0                          True
PAY_2                          True
PAY_3                          True
PAY_4                          True
PAY_5                          True
PAY_6                          False
BILL_AMT1                      False
BILL_AMT2                      False
BILL_AMT3                      False
BILL_AMT4                      False
BILL_AMT5                      False
BILL_AMT6                      False
PAY_AMT1                       False
PAY_AMT2                       False
```

```
PAY_AMT3                        False
PAY_AMT4                        False
PAY_AMT5                        False
PAY_AMT6                        False
default payment next month      True
Name: default payment next month, dtype: bool
```

上面 Pandas Series 中的 False 代表特征的相关系数在 –0.2 ~ 0.2，True 则代表相关系数超过了正负 0.2。我们用下面的代码结合这个 mask：

```
# 存储特征
highly_correlated_features =
credit_card_default.columns[credit_card_default.corr()['default payment next
month'].abs() > .2]

highly_correlated_features

Index(['PAY_0', 'PAY_2', 'PAY_3', 'PAY_4', 'PAY_5',
        'default payment next month'],
       dtype='object')
```

highly_correlated_features 变量会存储与响应变量高度相关的特征，但是需要删掉响应列的名称，因为在机器学习流水线中包括这列等于作弊：

```
# 删掉响应变量
highly_correlated_features = highly_correlated_features.drop('default payment next
month')

highly_correlated_features
```

留下原始数据集的 5 个特征，用于预测响应变量。我们尝试一下：

```
# 只有 5 个高度关联的变量
X_subsetted = X[highly_correlated_features]

get_best_model_and_accuracy(d_tree, tree_params, X_subsetted, y)

# 略差一点，但是拟合快了约 20 倍
Best Accuracy: 0.819666666667
Best Parameters: {'max_depth': 3}
Average Time to Fit (s): 0.01
Average Time to Score (s): 0.002
```

我们的准确率比要击败的准确率 0.8203 略差，但是拟合时间快了大概 20 倍。我们的模型只需要 5 个特征就可以学习整个数据集，而且速度快得多。

接下来回顾一下 scikit-learn 流水线，将相关性选择作为预处理阶段的一部分。我们需要创建一个自定义转换器调用刚才的逻辑，并封装为流水线可以使用的类。

将这个类命名为 CustomCorrelationChooser，它会实现一个拟合逻辑和一个转换逻辑。

❑ **拟合逻辑**：从特征矩阵中选择相关性高于阈值的列。

❑ **转换逻辑**：对数据集取子集，只包含重要的列。

```python
from sklearn.base import TransformerMixin, BaseEstimator

class CustomCorrelationChooser(TransformerMixin, BaseEstimator):
    def __init__(self, response, cols_to_keep=[], threshold=None):
        # 保存响应变量
        self.response = response
        # 保存阈值
        self.threshold = threshold
        # 初始化一个变量，存放要保留的特征名
        self.cols_to_keep = cols_to_keep

    def transform(self, X):
        # 转换会选择合适的列
        return X[self.cols_to_keep]

    def fit(self, X, *_):
        # 创建新的 DataFrame，存放特征和响应
        df = pd.concat([X, self.response], axis=1)
        # 保存高于阈值的列的名称
        self.cols_to_keep = df.columns[df.corr()[df.columns[-1]].abs() >
self.threshold]
        # 只保留 X 的列，删掉响应变量
        self.cols_to_keep = [c for c in self.cols_to_keep if c in X.columns]
        return self
```

运行下面的代码试试新的相关特征选择器：

```python
# 实例化特征选择器
ccc = CustomCorrelationChooser(threshold=.2, response=y)
ccc.fit(X)

ccc.cols_to_keep

['PAY_0', 'PAY_2', 'PAY_3', 'PAY_4', 'PAY_5']
```

这个类的选择和之前一样。我们在 X 矩阵上应用转换，代码如下：

```python
ccc.transform(X).head()
```

上面代码的输出如下表所示。

|   | PAY_0 | PAY_2 | PAY_3 | PAY_4 | PAY_5 |
|---|-------|-------|-------|-------|-------|
| 0 | 2 | 2 | −1 | −1 | −2 |
| 1 | −1 | 2 | 0 | 0 | 0 |
| 2 | 0 | 0 | 0 | 0 | 0 |
| 3 | 0 | 0 | 0 | 0 | 0 |
| 4 | −1 | 0 | −1 | 0 | 0 |

我们看见，`transform` 方法删除了其他列，只保留大于 0.2 阈值的列。现在在流水线中把一切组装起来：

```
from copy import deepcopy

# 使用响应变量初始化特征选择器
ccc = CustomCorrelationChooser(response=y)

# 创建流水线，包括选择器
ccc_pipe = Pipeline([('correlation_select', ccc),
                     ('classifier', d_tree)])

tree_pipe_params = {'classifier__max_depth':
                    [None, 1, 3, 5, 7, 9, 11, 13, 15, 17, 19, 21]}

# 复制决策树的参数
ccc_pipe_params = deepcopy(tree_pipe_params)

# 更新决策树的参数选择
ccc_pipe_params.update({'correlation_select__threshold':[0, .1, .2, .3]})

print(ccc_pipe_params)  #{'correlation_select__threshold': [0, 0.1, 0.2, 0.3],
'classifier__max_depth': [None, 1, 3, 5, 7, 9, 11, 13, 15, 17, 19, 21]}

# 比原来好一点，而且很快
get_best_model_and_accuracy(ccc_pipe, ccc_pipe_params, X, y)

Best Accuracy: 0.8206
Best Parameters: {'correlation_select__threshold': 0.1, 'classifier__max_depth': 5}
Average Time to Fit (s): 0.105
Average Time to Score (s): 0.003
```

哇！第一次的特征选择就已经打败了目标（虽然只高一点点）。我们的流水线显示，如果把阈值设为 0.1，就足以消除噪声以提高准确性，并缩短拟合时间（之前是 0.158 s）。下面看看选择器保留了哪些列：

```
# 阈值是 0.1
ccc = CustomCorrelationChooser(threshold=0.1, response=y)
ccc.fit(X)

# 保留了什么？
ccc.cols_to_keep

['LIMIT_BAL', 'PAY_0', 'PAY_2', 'PAY_3', 'PAY_4', 'PAY_5', 'PAY_6']
```

选择器保留了我们找到的 5 列，以及 `LIMIT_BAL` 和 `PAY_6` 列。这就是 scikit-learn 中自动化网格搜索的好处，让模型达到最优，解放我们的劳动力。

### 2. 使用假设检验

假设检验是一种统计学方法，可以对单个特征进行复杂的统计检验。在特征选择中使用假设检验可以像之前的自定义相关选择器一样，尝试从数据集中选择最佳特征，但是这里的检验更依赖于形式化的统计方法，并通过所谓的 $p$ 值进行检验。

作为一种统计检验，假设检验用于在给定数据样本时确定可否在整个数据集上应用某种条件。假设检验的结果会告诉我们是否应该相信或拒绝假设（并选择另一个假设）。基于样本数据，假设检验会确定是否应拒绝零假设[1]。我们通常会用 $p$ 值（一个上限为 1 的非负小数，由显著性水平决定）得出结论。

在特征选择中，假设测试的原则是："特征与响应变量没有关系"（零假设）为真还是假。我们需要在每个特征上进行检验，并决定其与响应变量是否有显著关系。在某种程度上说，我们的相关性检测逻辑也是这样运作的。我们的意思是，如果某个特征与响应变量的相关性太弱，那么认为"特征与响应变量没有关系"这个假设为真。如果相关系数足够强，那么拒绝该假设，认为特征与响应变量有关。

在将其用于数据之前，需要定义新模块 SelectKBest 和 f_classif，代码如下：

```
# SelectKBest 在给定目标函数后选择 k 个最高分
from sklearn.feature_selection import SelectKBest

# ANOVA 测试
from sklearn.feature_selection import f_classif

# f_classif 可以使用负数，但不是所有类都支持
# chi2 （卡方）也很常用，但只支持正数
# 回归分析有自己的假设检验
```

SelectKBest 基本上就是包装了一定数量的特征，而这些特征是根据某个标准保留的前几名。在这里，我们使用假设检验的 $p$ 值作为排名依据。

● 理解 $p$ 值

$p$ 值是介于 0 和 1 的小数，代表在假设检验下，给定数据偶然出现的概率。简而言之，$p$ 值越低，拒绝零假设的概率越大。在我们的例子中，$p$ 值越低，这个特征与响应变量有关联的概率就越大，我们应该保留这个特征。

如果需要更深入地理解统计测试，请参阅《数据科学原理》。

需要注意的是，f_classif 函数在每个特征上单独（单变量测试由此得名）执行一次 ANOVA 测试（一种假设检验类型），并分配一个 $p$ 值。SelectKBest 会将特征按 $p$ 值排列（越小越好），

---

① 也称虚无假设，统计学中的 H0。——译者注

只保留我们指定的 $k$ 个最佳特征。[1]下面我们用 Python 试验一下。

- **$p$ 值排列**

首先实例化一个 SelectKBest 模块。我们手动设定 $k$ 是 5，代表只希望保留 5 个最佳的特征：

```
# 只保留最佳的 5 个特征
k_best = SelectKBest(f_classif, k=5)
```

然后可以像之前使用自定义选择器那样，拟合并转化 X 矩阵，选择需要的特征：

```
# 选择最佳特征后的矩阵
k_best.fit_transform(X, y)

# 30 000 列 × 5 行
array([[ 2,   2,  -1,  -1,  -2],
       [-1,   2,   0,   0,   0],
       [ 0,   0,   0,   0,   0],
       ...,
       [ 4,   3,   2,  -1,   0],
       [ 1,  -1,   0,   0,   0],
       [ 0,   0,   0,   0,   0]])
```

如果想直接查看 $p$ 值并检查选择了哪些特征，可以深入观察 k_best 变量：

```
# 取列的 p 值
k_best.pvalues_

# 特征和 p 值组成 DataFrame
# 按 p 值排列
p_values = pd.DataFrame({'column': X.columns, 'p_value':
k_best.pvalues_}).sort_values('p_value')

# 前 5 个特征
p_values.head()
```

上面代码的结果如下表所示。

|   | column | p_value |
|---|--------|---------|
| 5 | PAY_0 | 0.000000e+00 |
| 6 | PAY_2 | 0.000000e+00 |
| 7 | PAY_3 | 0.000000e+00 |
| 8 | PAY_4 | 1.899297e−315 |
| 9 | PAY_5 | 1.126608e−279 |

---

[1] 请注意：$p$ 值不是越小越好，且不能互相比较。ANOVA 也有自己的使用场景。强烈建议希望详细了解此内容的读者阅读 George Casella 和 Roger L. Berger 的《统计推断》一书 8.3 节，特别是 8.3.4 节。为了理解此节内容，有可能需要选择性地阅读此书第 5、6、7、10 章的部分内容。如果读者希望对 ANOVA 有更多了解，请阅读此书的 11.2 节；如果希望对线性回归的假设检验有更多了解，请阅读 11.3 节和 12.2 节。——译者注

可以看到，我们的选择器认为 PAY_X 是最重要的特征。观察 $p$ 值，我们可以看见，这些特征的 $p$ 值极小，几乎为 0。$p$ 值的一个常见阈值是 0.05，意思是可以认为 $p$ 值小于 0.05 的特征是显著的。对于我们的测试，这些列是极其重要的。我们可以用 Pandas 的过滤方法，查看所有 $p$ 值小于 0.05 的特征：

```
# 低 p 值的特征
p_values[p_values['p_value'] < .05]
```

结果如下表所示。

|    | column    | p_value        |
|----|-----------|----------------|
| 5  | PAY_0     | 0.000000e+00   |
| 6  | PAY_2     | 0.000000e+00   |
| 7  | PAY_3     | 0.000000e+00   |
| 8  | PAY_4     | 1.899297e-315  |
| 9  | PAY_5     | 1.126608e-279  |
| 10 | PAY_6     | 7.296740e-234  |
| 0  | LIMIT_BAL | 1.302244e-157  |
| 17 | PAY_AMT1  | 1.146488e-36   |
| 18 | PAY_AMT2  | 3.166657e-24   |
| 20 | PAY_AMT4  | 6.830942e-23   |
| 19 | PAY_AMT3  | 1.841770e-22   |
| 21 | PAY_AMT5  | 1.241345e-21   |
| 22 | PAY_AMT6  | 3.033589e-20   |
| 1  | SEX       | 4.395249e-12   |
| 2  | EDUCATION | 1.225038e-06   |
| 3  | MARRIAGE  | 2.485364e-05   |
| 11 | BILL_AMT1 | 6.673295e-04   |
| 12 | BILL_AMT2 | 1.395736e-02   |
| 13 | BILL_AMT3 | 1.476998e-02   |
| 4  | AGE       | 1.613685e-02   |

大部分特征的 $p$ 值都很低，但并不是全部。用下面的代码看看哪些列的 p_value 较高：

```
# 高 p 值的特征
p_values[p_values['p_value'] >= .05]
```

结果如下表所示。

|    | column    | p_value  |
|----|-----------|----------|
| 14 | BILL_AMT4 | 0.078556 |
| 15 | BILL_AMT5 | 0.241634 |
| 16 | BILL_AMT6 | 0.352123 |

有 3 个特征的 $p$ 值较高。我们可以在流水线中应用 SelectKBest，看看是否效果更好：

```
k_best = SelectKBest(f_classif)

# 用 SelectKBest 建立流水线
select_k_pipe = Pipeline([('k_best', k_best),
 ('classifier', d_tree)])

select_k_best_pipe_params = deepcopy(tree_pipe_params)
# all 没有作用
select_k_best_pipe_params.update({'k_best__k':list(range(1,23)) + ['all']})

print(select_k_best_pipe_params) # {'k_best__k': [1, 2, 3, 4, 5, 6, 7, 8, 9, 10, 11,
12, 13, 14, 15, 16, 17, 18, 19, 20, 21, 22, 'all'], 'classifier__max_depth': [None,
1, 3, 5, 7, 9, 11, 13, 15, 17, 19, 21]}

# 与相关特征选择器比较
get_best_model_and_accuracy(select_k_pipe, select_k_best_pipe_params, X, y)

Best Accuracy: 0.8206
Best Parameters: {'k_best__k': 7, 'classifier__max_depth': 5}
Average Time to Fit (s): 0.102
Average Time to Score (s): 0.002
```

SelectKBest 模块和自定义转换器的准确率差不多，但是快了一点。用下面的代码查看选择了哪些特征：

```
k_best = SelectKBest(f_classif, k=7)

# 最低的 7 个 p 值和之前选择的一样
# ['LIMIT_BAL', 'PAY_0', 'PAY_2', 'PAY_3', 'PAY_4', 'PAY_5', 'PAY_6']

p_values.head(7)
```

代码的结果如下表所示。

|     | column    | p_value        |
| --- | --------- | -------------- |
| 5   | PAY_0     | 0.000000e+00   |
| 6   | PAY_0     | 0.000000e+00   |
| 7   | PAY_0     | 0.000000e+00   |
| 8   | PAY_0     | 1.899297e-315  |
| 9   | PAY_0     | 1.126608e-279  |
| 10  | PAY_0     | 7.296740e-234  |
| 0   | LIMIT_BAL | 1.302244e-157  |

看起来和之前统计方法的选择相同。我们的统计方法有可能只是按顺序选了这 7 个特征。

在 ANOVA 之外，还有其他的测试能用于回归任务，例如卡方检验等。这些测试在 scikit-learn 的文档中有所涉及。如需进一步了解通过单变量测试进行特征选择，请参考 scikit-learn 的文档：http://scikit-learn.org/stable/modules/feature_selection.html#univariate-feature-selection。

在开始基于模型的特征选择前，我们可以进行一次快速的完整性检查，以确保路线正确。到目前为止，为了取得最佳准确率，我们已经用了特征选择的两种统计方法，每次选择的 7 个特征都一样。如果选择这 7 个特征*之外*的所有特征呢？是不是流水线的准确率会下降，流水线会劣化？我们来确认一下。下面的代码会进行完整性测试：

```
# 完整性测试
# 用最差的特征
the_worst_of_X = X[X.columns.drop(['LIMIT_BAL', 'PAY_0', 'PAY_2', 'PAY_3', 'PAY_4',
'PAY_5', 'PAY_6'])]

# 如果选择的特征特别差
# 性能也会受影响
get_best_model_and_accuracy(d_tree, tree_params, the_worst_of_X, y)

Best Accuracy: 0.783966666667
Best Parameters: {'max_depth': 5}
Average Time to Fit (s): 0.21
Average Time to Score (s): 0.002
```

因此，如果不选择之前的 7 个特征，不仅准确性会变差（几乎和空准确率一样差），而且拟合时间也会变慢。现在我们可以继续了解下一种特征选择方法了——基于模型的方法。

## 5.3.2 基于模型的特征选择

本节使用统计方法和测试从原始数据集中选择特征，以优化机器学习流水线的预测性能和时间复杂度。在过程中，我们可以亲眼看见特征选择的效果。

### 1. 再议自然语言处理

如果你在本章一开始觉得特征选择好像不是全新的概念，而是与相关系数和统计测试一样熟悉，这不是错觉。在第 4 章，我们介绍了 scikit-learn 中 CountVectorizer 的概念。该模块可以从文本中构建特征，并用于机器学习流水线。

CountVectorizer 有很多参数，在搜索最佳流水线时可以调整。具体来说，有以下几个内置的特征选择参数。

- ❑ max_features：整数，设置特征构建器可以记忆的最多特征数量。要记忆的特征是由一个排名系统决定的，它依照词项在语料库中的出现次数进行排序。
- ❑ min_df：浮点数，为词项在语料库中出现的频率设定下限；如果低于该值，则不进行标记。
- ❑ max_df：浮点数，和 min_df 类似，设定词项的频率上限。
- ❑ stop_words：按照内置静态列表对词项类型进行限制。如果词项在 stop_words 中，那么即使频率在 min_df 和 max_df 允许的范围内，也会被省略。

上一章简要介绍了一个数据集，旨在从单词推测推文的情感。我们花一点时间回顾一下参数的使用。首先引入这个推文数据集：

```
# 推文数据集
tweets = pd.read_csv('./twitter_sentiment.csv', encoding='latin1')
```

为了唤起我们的记忆，看一下前 5 条推文：

```
tweets.head()
```

输出如下表所示。

| | ItemID | Sentiment | SentimentText |
|---|---|---|---|
| 0 | 1 | 0 | is so sad for my APL frie... |
| 1 | 2 | 0 | I missed the New Moon trail... |
| 2 | 3 | 1 | omg its already 7:30 :O |
| 3 | 4 | 0 | .. Omgaga. Im sooo im gunna CRy. I'... |
| 4 | 5 | 0 | i think mi bf is cheating on me!!! ... |

我们先创建一个特征和一个响应变量。回忆一下，因为我们处理的是文本，所以特征变量是文本列，而不是二维矩阵：

```
tweets_X, tweets_y = tweets['SentimentText'], tweets['Sentiment']
```

可以建立流水线，并用本章使用过的函数进行评估，代码如下：

```
from sklearn.feature_extraction.text import CountVectorizer
# 导入朴素贝叶斯, 加快处理
from sklearn.naive_bayes import MultinomialNB

featurizer = CountVectorizer()

text_pipe = Pipeline([('featurizer', featurizer),
                      ('classify', MultinomialNB())])

text_pipe_params = {'featurizer__ngram_range':[(1, 2)],
                    'featurizer__max_features': [5000, 10000],
                    'featurizer__min_df': [0., .1, .2, .3],
                    'featurizer__max_df': [.7, .8, .9, 1.]}


get_best_model_and_accuracy(text_pipe, text_pipe_params,
                            tweets_X, tweets_y)

Best Accuracy: 0.755753132845
Best Parameters: {'featurizer__min_df': 0.0, 'featurizer__ngram_range': (1, 2),
'featurizer__max_df': 0.7, 'featurizer__max_features': 10000}
Average Time to Fit (s): 5.808
Average Time to Score (s): 0.957
```

数据不错（空准确率是 0.564），但是上一章使用 FeatureUnion 模块来组合 TfidfVectorizer 和 CountVectorizer，比这次的分数还高。

我们测试一下新技术，用 SelectKBest 和 CountVectorizer 组合一个流水线。看看这次能否不依赖内置的 CountVectorizer 选择特征，而是用统计测试：

```
# 更基础，但是用了 SelectKBest 的流水线
featurizer = CountVectorizer(ngram_range=(1, 2))

select_k_text_pipe = Pipeline([('featurizer', featurizer),
                               ('select_k', SelectKBest()),
                               ('classify', MultinomialNB())])

select_k_text_pipe_params = {'select_k__k': [1000, 5000]}


get_best_model_and_accuracy(select_k_text_pipe,
                            select_k_text_pipe_params,
                            tweets_X, tweets_y)

Best Accuracy: 0.755703127344
Best Parameters: {'select_k__k': 10000}
Average Time to Fit (s): 6.927
Average Time to Score (s): 1.448
```

看起来 SelectKBest 对于文本数据效果不好。如果没有 FeatureUnion，我们不能达到上一章的准确率。值得注意的是，无论使用何种方式，拟合和预测的时间都很长：这是因为统计单变量方法在大量特征（例如从文本向量化中获取的特征）上表现不佳。

### 2. 使用机器学习选择特征

在文本处理中，CountVectorizer 内置的特征选择工具表现不错，但是一般处理的是已经有行列结构的数据。我们已经看到了基于纯统计方法的特征选择非常强大，现在研究如何使用这些方法让机器学习变得更好。本节主要使用的两类模型是基于树的模型和线性模型。这两类模型都有特征排列的功能，在对特征划分子集时很有用。

在进一步研究前，我们需要强调，虽然这些方法的逻辑并不相同，但是目标一致：找到最佳的特征子集，优化机器学习流水线。我们要介绍的第一个方法会涉及拟合训练数据时算法（例如训练决策树和随机森林）内部指标的重要性。

● **特征选择指标——针对基于树的模型**

在拟合决策树时，决策树会从根节点开始，在每个节点处贪婪地选择最优分割，优化节点纯净度指标。默认情况下，scikit-learn 每步都会优化基尼指数（gini metric）。每次分割时，模型会记录每个分割对整体优化目标的帮助。因此，在树形结构中，这些指标对**特征重要性**有作用。

为了进一步说明，我们拟合一个决策树，并输出特征重要性，如下所示：

```
# 创建新的决策树分类器
tree = DecisionTreeClassifier()

tree.fit(X, y)
```

拟合后，可以用 feature_importances_ 属性展示特征对于拟合树的重要性：

```
# 注意：还有其他特征

importances = pd.DataFrame({'importance': tree.feature_importances_,
'feature':X.columns}).sort_values('importance', ascending=False)

importances.head()
```

上面代码的结果如下表所示。

| | feature | importance |
|----|-----------|------------|
| 5 | PAY_0 | 0.161829 |
| 4 | AGE | 0.074121 |
| 11 | BILL_AMT1 | 0.064363 |
| 0 | LIMIT_BAL | 0.058788 |
| 19 | PAY_AMT3 | 0.054911 |

　　上表显示，拟合中最重要的特征是 PAY_0，和上一章统计模型的结果相匹配。更值得注意的是第 2、第 3 和第 5 个特征，这 3 个特征在进行统计测试前没有显示出重要性。这意味着，这种特征选择方法有可能带来一些新的结果。

　　回想一下，之前我们使用 scikit-learn 内置的包装器 SelectKBest，基于排序函数（例如 ANOVA 的 $p$ 值）取前 $k$ 个特征。下面会引入一个新的包装器 SelectFromModel，和 SelectKBest 一样选取最重要的前 $k$ 个特征。但是，它会使用机器学习模型的内部指标来评估特征的重要性，不使用统计测试的 $p$ 值。我们用下面的代码定义 SelectFromModel：

```
# 和 SelectKBest 相似，但不是统计测试
from sklearn.feature_selection import SelectFromModel
```

SelectFromModel 和 SelectKBest 相比最大的不同之处在于不使用 $k$（需要保留的特征数）：SelectFromModel 使用阈值，代表重要性的最低限度。通过这种方式，这种基于模型的选择器可以脱离人工筛选的过程，只保留与流水线所需同等数量的特征。我们实例化这个类：

```
# 实例化一个类，按照决策树分类器的内部指标排序重要性，选择特征
select_from_model = SelectFromModel(DecisionTreeClassifier(),
 threshold=.05)
```

然后在 SelectFromModel 上拟合数据，调用 transform 方法，观察数据选择后的子集：

```
selected_X = select_from_model.fit_transform(X, y)
selected_X.shape

(30000, 9)
```

了解了模块的基本原理后，我们可以在流水线中应用选择功能。我们需要击败的准确率是 0.8206，之前的相关性选择器和 ANOVA 都得到了这个准确率（因为选择的特征相同）：

```python
# 为后面加速
tree_pipe_params = {'classifier__max_depth': [1, 3, 5, 7]}

from sklearn.pipeline import Pipeline

# 创建基于 DecisionTreeClassifier 的 SelectFromModel
select = SelectFromModel(DecisionTreeClassifier())

select_from_pipe = Pipeline([('select', select),
                             ('classifier', d_tree)])

select_from_pipe_params = deepcopy(tree_pipe_params)

select_from_pipe_params.update({
  'select__threshold': [.01, .05, .1, .2, .25, .3, .4, .5, .6, "mean", "median",
                        "2.*mean"],
  'select__estimator__max_depth': [None, 1, 3, 5, 7]
 })

print(select_from_pipe_params)  # {'select__threshold': [0.01, 0.05, 0.1, 'mean',
'median', '2.*mean'], 'select__estimator__max_depth': [None, 1, 3, 5, 7],
'classifier__max_depth': [1, 3, 5, 7]}


get_best_model_and_accuracy(select_from_pipe,
 select_from_pipe_params,
 X, y)

# 没有比原来的更好
Best Accuracy: 0.820266666667
Best Parameters: {'select__threshold': 0.01, 'select__estimator__max_depth': None,
'classifier__max_depth': 3}
Average Time to Fit (s): 0.192
Average Time to Score (s): 0.002
```

首先注意，我们可以用一些保留字作为阈值参数的一部分，并不是必须选择表示最低重要性的浮点数。例如，mean 的阈值只选择比均值更重要的特征，median 的阈值只选择比中位数更重要的特征。我们还可以用这些保留字的倍数，例如 2.*mean 代表比均值重要两倍的特征。

现在查看基于决策树的选择器选出了哪些特征，可以使用 SelectFromModel 的 get_support() 方法。这个方法会返回一个数组，其中的每个布尔值代表一个特征，从而告诉我们保留了哪些特征，如下所示：

```python
# 设置流水线最佳参数
select_from_pipe.set_params(**{'select__threshold': 0.01,
 'select__estimator__max_depth': None,
 'classifier__max_depth': 3})
```

```
# 拟合数据
select_from_pipe.steps[0][1].fit(X, y)
```

```
# 列出选择的列
X.columns[select_from_pipe.steps[0][1].get_support()]
```

```
[u'LIMIT_BAL', u'SEX', u'EDUCATION', u'MARRIAGE', u'AGE', u'PAY_0', u'PAY_2',
u'PAY_3', u'PAY_6', u'BILL_AMT1', u'BILL_AMT2', u'BILL_AMT3', u'BILL_AMT4',
u'BILL_AMT5', u'BILL_AMT6', u'PAY_AMT1', u'PAY_AMT2', u'PAY_AMT3', u'PAY_AMT4',
u'PAY_AMT5', u'PAY_AMT6']
```

这棵树选择了除了两个特征外的所有其他特征，但是和什么都不选的树性能没什么区别。

 有关决策树以及决策树如何对基尼指数或熵进行拟合的更多信息，请查看 scikit-learn 的文档，或其他进行了深入讨论的材料。

我们可以继续尝试几种基于树的模型，例如 RandomForest（随机森林）和 ExtraTrees-Classifier（极限随机树）等，但是效果应该比不基于树的方法差。

### 3. 线性模型和正则化

SelectFromModel 可以处理任何包括 feature_importances_ 或 coef_ 属性的机器学习模型。基于树的模型会暴露前者，线性模型则会暴露后者。在拟合后，线性回归、逻辑回归、支持向量机（SVM，support vector machine）等线性模型会将一个系数放在特征的斜率（重要性）前面。SelectFromModel 会认为这个系数等同于重要性，并根据拟合时的系数选择特征。

然而，在使用模型之前，我们需要引入**正则化**的概念，以选择真正有用的特征。

● 正则化简介

在线性模型中，**正则化**是一种对模型施加额外约束的方法，目的是防止过拟合，并改进数据泛化能力。正则化通过对需要优化的**损失函数**添加额外的条件来完成，意味着在拟合时，正则化的线性模型有可能严重减少甚至损坏特征。有两种广泛使用的正则化方法：L1 和 L2 正则化。这两种技术都基于向量的 L$p$ 范数，定义如下：

$$L^p(x) = \|x\|_p = \sqrt[1/p]{\sum_{k=1}^{n} |x_k|^p}$$

❑ **L1 正则化**也称为 lasso 正则化，会使用 L1 范数（参见上面的公式）将向量条目绝对值的和加以限制，使系数可以完全消失。如果系数降为 0，那么这个特征在预测时就没有任何意义，而且肯定不会被 SelectFromModel 选择。

❑ **L2 正则化**也称为岭正则化，施加惩罚 L2 范数（向量条目的平方和），让系数不会变成 0，但是会非常小。

正则化也有助于解决多重共线性的问题，也就是说，数据中有多个线性相关的特征。L1 惩罚可以强制其他线性相关特征的系数为 0，保证选择器不会选择这些线性相关的特征，有助于解决过拟合问题。

● **另一个特征重要性指标：线性模型参数**

和之前用树的方法一样，我们可以用 L1 和 L2 正则化为特征选择寻找最佳系数。我们用逻辑回归模型作为选择器，在 L1 和 L2 范数上进行网格搜索：

```
# 用正则化后的逻辑回归进行选择
logistic_selector = SelectFromModel(LogisticRegression())

# 新流水线，用 LogistisRegression 的参数进行排列
regularization_pipe = Pipeline([('select', logistic_selector),
 ('classifier', tree)])

regularization_pipe_params = deepcopy(tree_pipe_params)

# L1 和 L2 正则化
regularization_pipe_params.update({
 'select__threshold': [.01, .05, .1, "mean", "median", "2.*mean"],
 'select__estimator__penalty': ['l1', 'l2'],
 })

print(regularization_pipe_params) # {'select__threshold': [0.01, 0.05, 0.1, 'mean',
'median', '2.*mean'], 'classifier__max_depth': [1, 3, 5, 7],
'select__estimator__penalty': ['l1', 'l2']}


get_best_model_and_accuracy(regularization_pipe,
 regularization_pipe_params,
 X, y)

# 比原来的好，实际上是目前最好的，也快得多
Best Accuracy: 0.8211166666667
Best Parameters: {'select__threshold': 0.01, 'classifier__max_depth': 5,
'select__estimator__penalty': 'l1'}
Average Time to Fit (s): 0.51
Average Time to Score (s): 0.001
```

现在的准确率终于超过统计测试选择器了。再次使用 SelectFromModel 的 get_support() 方法，列出选择的特征：

```
# 设置流水线最佳参数
regularization_pipe.set_params(**{'select__threshold': 0.01,
 'classifier__max_depth': 5,
 'select__estimator__penalty': 'l1'})

# 拟合数据
regularization_pipe.steps[0][1].fit(X, y)
```

```
# 列出选择的列
X.columns[regularization_pipe.steps[0][1].get_support()]

Index(['SEX', 'EDUCATION', 'MARRIAGE', 'PAY_0', 'PAY_2', 'PAY_3', 'PAY_4',
       'PAY_5'],
      dtype='object')
```

非常好！基于逻辑回归的选择器选择了大部分的 PAY_X 特征，也发现了性别、教育和婚姻状况可以帮助预测。接下来用 SelectFromModel 模块在支持向量机分类器上进行测试。

支持向量机是分类模型，在空间中绘制线性边界，对二分数据进行分类。这些线性边界叫作支持向量。目前看来，逻辑回归分类器和支持向量分类器（SVC）的最大区别在于，后者会最大优化二分类项目的准确性，而前者对属性的建模更好。像之前决策树和逻辑回归一样，我们用 scikit-learn 实现一个线性 SVC 模型，代码如下：

```
# SVC 是线性模型，用线性支持在欧几里得空间内分割数据
# 只能分割二分数据
from sklearn.svm import LinearSVC

# 用 SVC 取参数
svc_selector = SelectFromModel(LinearSVC())

svc_pipe = Pipeline([('select', svc_selector),
 ('classifier', tree)])

svc_pipe_params = deepcopy(tree_pipe_params)

svc_pipe_params.update({
 'select__threshold': [.01, .05, .1, "mean", "median", "2.*mean"],
 'select__estimator__penalty': ['l1', 'l2'],
 'select__estimator__loss': ['squared_hinge', 'hinge'],
 'select__estimator__dual': [True, False]
 })

print(svc_pipe_params)  # 'select__estimator__loss': ['squared_hinge', 'hinge'],
'select__threshold': [0.01, 0.05, 0.1, 'mean', 'median', '2.*mean'],
'select__estimator__penalty': ['l1', 'l2'], 'classifier__max_depth': [1, 3, 5, 7],
'select__estimator__dual': [True, False]}

get_best_model_and_accuracy(svc_pipe,
 svc_pipe_params,
 X, y)


# 刷新了纪录
Best Accuracy: 0.821233333333
Best Parameters: {'select__estimator__loss': 'squared_hinge', 'select__threshold':
0.01, 'select__estimator__penalty': 'l1', 'classifier__max_depth': 5,
'select__estimator__dual': False}
Average Time to Fit (s): 0.989
Average Time to Score (s): 0.001
```

太棒了！SVC 达到了最高的准确率。可以看见拟合时间受到了影响，但是如果能把最快的预测和最好的准确率结合，那么机器学习流水线就会很出色了：基于 SVC，利用正则化为决策树分类器找到最佳特征。下面看看选择器选择了哪些特征来达到目前的最佳准确率：

```
# 设置流水线最佳参数
svc_pipe.set_params(**{'select__estimator__loss': 'squared_hinge',
 'select__threshold': 0.01,
 'select__estimator__penalty': 'l1',
 'classifier__max_depth': 5,
 'select__estimator__dual': False})

# 拟合数据
svc_pipe.steps[0][1].fit(X, y)

# 列出选择的列
X.columns[svc_pipe.steps[0][1].get_support()]

[u'SEX', u'EDUCATION', u'MARRIAGE', u'PAY_0', u'PAY_2', u'PAY_3', u'PAY_5']
```

与逻辑回归比，唯一的区别是 PAY_4 特征。但是可以看到，移除单个特征不会影响流水线的性能。

## 5.4  选用正确的特征选择方法

现在你有可能感到本章的信息过多，难以消化。我们演示了几种选择特征的方法，其中一部分基于统计学，另一部分基于机器学习模型的二次输出。一个很自然的问题是：应该如何选用特征选择方法？理论上说，最理想的状况是，你可以像本章这样多次尝试，但我们知道这样是不可行的。下面是一些经验，可以在判断特征选择方法的优劣时参考。

❑ 如果特征是分类的，那么从 SelectKBest 开始，用卡方或基于树的选择器。
❑ 如果特征基本是定量的（例如本例），用线性模型和基于相关性的选择器一般效果更好。
❑ 如果是二元分类问题，考虑使用 SelectFromModel 和 SVC，因为 SVC 会查找优化二元分类任务的系数。
❑ 在手动选择前，探索性数据分析会很有益处。不能低估领域知识的重要性。

这些只是指导性建议。作为数据科学家，你最终要确定保留哪些特征以优化指标。本书提供的方法可以帮助你在噪声和多重共线性中挖掘潜在的特征。

## 5.5  小结

本章涵盖了很多关于选择特征子集的方法，以提高机器学习流水线的预测能力，减少时间复杂度。

　　我们选择的数据集特征较少。如果从很多特征（超过 100 种）中选择，那么本章的方法有可能很麻烦。例如，在尝试优化 CountVectorizer 时，对每个特征进行单变量测试的时间是个天文数字，而且出于巧合的多重共线性风险更大。

　　在下一章中，我们会介绍纯粹的数学转换，用于数据矩阵中，以减少处理大量特征的痛苦，甚至解决一些难以解释的特征。我们会开始使用与之前截然不同的数据集，例如图像数据、主题建模数据，等等。

# 第 6 章

# 特征转换：数学显神通

到目前为止，我们似乎已经从数据的所有角度应用了特征工程工具。从通过分析表格数据以确定数据的等级，到通过统计方法构建并选择列以优化机器学习流水线，我们为处理数据中的特征做了很多了不起的事。

再次提醒：有很多方法可以增强机器学习的效果。我们通常认为，最主要的两个特征是准确率和预测/拟合时间。这意味着，如果利用特征工程工具后，机器学习流水线的准确率在交叉验证中有所提高，或者拟合/预测的速度加快，那就代表特征工程成功了。当然，我们的终极目标是既优化准确率又优化时间，构建出更好的流水线。

在前面的 5 章中，我们了解了所谓的经典特征工程。目前，我们已经讨论了特征工程的 5 个主要类别/步骤。

- ❏ **探索性数据分析**：在应用机器学习流水线，甚至在使用机器学习算法或特征工程工具之前，我们理应对数据集进行一些基本的描述性统计，并进行可视化操作，以便更好地理解数据的性质。
- ❏ **特征理解**：在了解了数据的大小和形状后，应该进一步仔细观察数据集的每一列（如果有可能的话）和大致特点，包括数据的等级，因为这会决定如何清洗数据。
- ❏ **特征增强**：这个阶段是关于改变数据值和列的，我们根据数据的等级填充缺失值，并按需执行虚拟变量转换和缩放操作。
- ❏ **特征构建**：在拥有可以得到的最好数据集之后，可以考虑构建新的列，以便理解特征交互情况。
- ❏ **特征选择**：在选择阶段，用所有原始和新构建的列进行（通常是单变量）统计测试，选取性能最佳的特征，以消除噪声影响、加速计算。

下图总结了这个过程，并展示了其中的每个步骤。

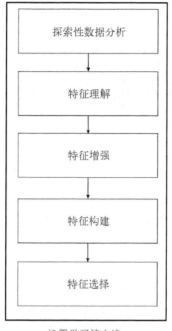

机器学习流水线

上图举例说明了一个使用上述方法的机器学习流水线，包括 5 个主要步骤：分析、理解、增强、构建和选择。在随后的章节中，我们会重点介绍一种转换数据的新方法，与之前的体系有所不同。

读到这里，读者应该可以对现实世界数据集的性能有合理的信心和期望。本章和第 7 章会专注于特征工程的两个子集，它们依赖大量的编程和数学方法，特别是线性代数。和之前一样，我们会尽力解释用到的所有代码，只在必要时对数学进行解释。

本章会涉及**特征转换**，这是一套改变数据内部结构的算法，以产生数学上更优的**超级列**（super-column）。下一章则重点介绍使用非参数方法（不依赖数据的形状）的特征学习，以自动学习新的特征。本书的最后一章是几个经过细致研究的案例，旨在展示特征工程的端到端过程，以及特征工程对机器学习流水线的影响。

我们首先讨论特征转换。上面说到，特征转换是一组矩阵算法，会在结构上改变数据，产生本质上全新的数据矩阵。其基本思想是，数据集的原始特征是数据点的描述符/特点，也应该能创造一组新的特征，用更少的列来解释数据点，并且效果不变，甚至更好。

想象一个简单的长方形房间。房间是空的，只在中间有一个人体模型。人体模型永远不会移动，而且永远面向一个方向。你的任务是全天候监控这个房间。你会想到在房间里安装摄像头，确保房内的所有活动都被捕获并记录下来。可以把摄像头装在房间角落，对准人体模型的面部，并且尽可能包括房间的大部分区域。用一台摄像头就基本上可以看见整个房间的所有区域。不过问题是摄像头有盲区，比如看不到摄像头的正下方（物理缺陷），而且看不见人体模型的后面（视野被遮挡）。那么，可以在人体模型后面再放一个摄像头，弥补第一个摄像头的盲区。坐在监控室里面，用两个摄像头可以看见房间内 99% 以上的区域。

在这个例子中，房间表示数据的原始特征空间，人体模型表示特征空间特定区域上的数据点。正式地说，你是在思考一个带有单一数据点的三维特征空间：

$$[X, Y, Z]$$

用单个摄像头捕获数据点时，就像把数据集压入一个维度，即该摄像头看见的数据：

$$[X, Y, Z] \approx [C1]$$

但是只用一个维度很可能无法充分描述数据，因为一个摄像头有盲区。增加一个摄像头：

$$[X, Y, Z] \approx [C1, C2]$$

这两个摄像头就是特征转换形成的新维度，以一种新的方式捕获数据，但是只需要两列而非三列就可以提供足够的信息。在特征转换中，最棘手的部分是一开始就不认为原始特征空间是最好的。我们需要接受一个事实：可能有其他的数学坐标轴和系统能用更少的特征描述数据，甚至可以描述得更好。

## 6.1　维度缩减：特征转换、特征选择与特征构建

刚才，我们提到了如何压缩数据集，用全新的方法以更少的列描述数据。听起来和特征选择的概念很类似：从原始数据集中删除列，通过消除噪声和增强信号列来创建一个不同而且更好的数据集。虽然特征选择和特征转换都是降维的好办法，但是它们的方法迥然不同。

特征选择仅限于从原始列中选择特征；特征转换算法则将原始列组合起来，从而创建可以更好地描述数据的特征。因此，特征选择的降维原理是隔离信号列和忽略噪声列。

特征转换方法使用原始数据集的隐藏结构创建新的列，生成一个全新的数据集，结构与之前不同。这些算法创建的新特征非常强大，只需要几个就可以准确地解释整个数据集。

特征转换的原理是生成可以捕获数据本质的新特征，这一点和特征构造的本质类似：都是创建新特征，捕捉数据的潜在结构。需要注意，这两个不同的过程方法截然不同，但是结果类似。

特征构造用几个列之间的简单操作（加法和乘法等）构造新的列。意思是，经典特征构造过程构造出的任何特征都只能用原始数据集中的几个列生成。如果我们的目标是创造足够多的特征，捕获所有可能的特征交互，那么也许会生成大量额外的列。例如，如果数据集有 1000 个基

至更多特征，我们要捕获所有特征交互的一个子集，就需要几万个列来构建足够多的特征。

特征转换方法可以用每个列中的一点点特征创建超级列，所以不需要创建很多新特征就可以捕获所有潜在的特征交互。因为特征转换算法涉及矩阵和线性代数，所以不会创造出比原有列更多的列，而且仍能提取出原始列中的结构。

特征转换算法可以**选择**最佳的列，将其与几个全新的列进行组合，从而**构建**新的特征。我们可以认为，特征转换在本书中最强大的算法之列。下面介绍首先要用到的算法和数据集：**主成分分析**和**鸢尾花数据集**。

## 6.2　主成分分析

主成分分析（PCA，principal components analysis）是将有多个相关特征的数据集投影到相关特征较少的坐标系上。这些新的、不相关的特征（之前称为超级列）叫**主成分**。主成分能替代原始特征空间的坐标系，需要的特征少、捕捉的变化多。在摄像头的例子中，主成分就是摄像头本身。

换句话说，PCA 的目标是识别数据集中的模式和潜在结构，以创建新的特征，而非使用原始特征。和特征选择类似，如果原始数据是 $n \times d$ 的（$n$ 是观察值数，$d$ 是原始的特征数），那么我们会将这个数据集投影到 $n \times k$（$k < d$）的矩阵上。

主成分会产生新的特征，最大化数据的方差。这样，每个特征都会解释数据的形状。主成分按可以解释的方差来排序，第一个主成分最能解释数据的方差，第二个其次。我们希望用尽可能多的成分来优化机器学习任务，无论是监督学习还是无监督学习。

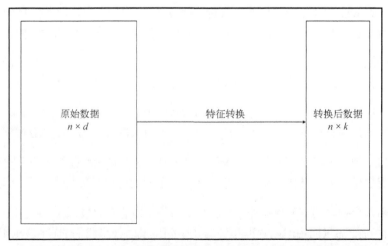

特征转换将数据集转换为行数相同、特征数较少的矩阵。这和特征选择类似，
但是关注点在于创建全新的特征

PCA 本身是无监督任务，意思是 PCA 不使用响应列进行投影/转换。这点很重要，因为我们的第二个特征转换算法是有监督的，而且会利用响应变量来用不同的方式创建超级列，优化预测任务。

## 6.2.1 PCA 的工作原理

PCA 利用了协方差矩阵的**特征值分解**。PCA 的数学原理首次发表于 20 世纪 30 年代，涉及一点多变量微积分和线性代数。出于本书的目的，我们跳过数学部分，直接看应用。

 PCA 也可以在相关矩阵上使用。如果特征的尺度类似，那么可以使用相关矩阵；尺度不同时，应该使用协方差矩阵。一般建议在缩放数据上使用协方差矩阵。

这个过程分为 4 步：

(1) 创建数据集的协方差矩阵；
(2) 计算协方差矩阵的特征值；
(3) 保留前 $k$ 个特征值（按特征值降序排列）；
(4) 用保留的特征向量转换新的数据点。

我们用鸢尾花数据集作为例子。这个数据集比较小，我们会一步步地查看 scikit-learn 的 PCA 效果如何。

## 6.2.2 鸢尾花数据集的 PCA——手动处理

**鸢尾花数据集**（iris）有 150 行和 4 列。每行（观察值）代表一朵花，每列（特征）代表花的 4 种定量特点。数据集的目标是拟合一个分类器，尝试在给定 4 个特征后，在 3 种花中预测。花的类型分别是山鸢尾（setosa）、变色鸢尾（versicolor）和维吉尼亚鸢尾（virginica）。

这个数据集在机器学习中特别普遍，以至于 scikit-learn 有一个下载该数据集的内置模块。

(1) 我们先加载模块，将数据集存储到变量 iris：

```
# 从 scikit-learn 中导入数据集
from sklearn.datasets import load_iris
# 导入画图模块
import matplotlib.pyplot as plt
%matplotlib inline

# 加载数据集
iris = load_iris()
```

(2) 然后将数据矩阵和响应变量存储到 iris_X 和 iris_y 中：

```
# 创建 X 和 y 变量，存储特征和响应列
iris_X, iris_y = iris.data, iris.target
```

(3) 先看一下要预测的花的名称：

```
# 要预测的花的名称
iris.target_names
```

```
array(['setosa', 'versicolor', 'virginica'], dtype='<U10')
```

(4) 除了花的名称，我们还可以查看用于预测的特征名称：

```
# 特征名称
iris.feature_names
```

```
['sepal length (cm)',
 'sepal width (cm)',
 'petal length (cm)',
 'petal width (cm)']
```

(5) 为了理解数据，我们写一点代码，查看一下其中的两个特征：

```
# {0: 'setosa', 1: 'versicolor', 2: 'virginica'}
label_dict = {i: k for i, k in enumerate(iris.target_names)}

def plot(X, y, title, x_label, y_label):
    ax = plt.subplot(111)
    for label,marker,color in zip(
    range(3),('^', 's', 'o'),('blue', 'red', 'green')):

        plt.scatter(x=X[:,0].real[y == label],
            y=X[:,1].real[y == label],
            color=color,
            alpha=0.5,
            label=label_dict[label]
            )

    plt.xlabel(x_label)
    plt.ylabel(y_label)

    leg = plt.legend(loc='upper right', fancybox=True)
    leg.get_frame().set_alpha(0.5)
    plt.title(title)

plot(iris_X, iris_y, "Original Iris Data", "sepal length (cm)", "sepal width (cm)")
```

上面代码的输出如下图所示。

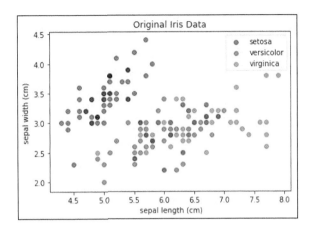

然后在数据集上执行 PCA，获得主成分。回忆一下，这包括 4 个步骤。

**1. 创建数据集的协方差矩阵**

为了计算鸢尾花数据集的协方差矩阵，我们先计算特征的均值向量（后面使用），然后用 NumPy 计算协方差矩阵。

协方差矩阵是 $d \times d$ 的正方形矩阵（特征数与行数、列数均相等），表示特征间的交互。它和相关系数矩阵很相似：

```
# 手动计算 PCA

# 导入 NumPy
import numpy as np

# 计算均值向量
mean_vector = iris_X.mean(axis=0)
print(mean_vector)

# 计算协方差矩阵
cov_mat = np.cov((iris_X).T)
print(cov_mat.shape)

[5.84333333 3.054      3.75866667 1.19866667]
(4, 4)
```

现在 `cov_mat` 变量是 $4 \times 4$ 的协方差矩阵。

**2. 计算协方差矩阵的特征值**

NumPy 有一个方便的函数，可以计算特征向量和特征值，以获得鸢尾花数据集的主成分：

```
# 计算鸢尾花数据集的特征向量和特征值
eig_val_cov, eig_vec_cov = np.linalg.eig(cov_mat)
```

```
# 按降序打印特征向量和相应的特征值
for i in range(len(eig_val_cov)):
    eigvec_cov = eig_vec_cov[:,i]
    print('Eigenvector {}: \n{}'.format(i+1, eigvec_cov))
    print('Eigenvalue {} from covariance matrix: {}'.format(i+1, eig_val_cov[i]))
    print(30 * '-')


Eigenvector 1:
[ 0.36158968 -0.08226889  0.85657211  0.35884393]
Eigenvalue 1 from covariance matrix: 4.224840768320107
------------------------------
Eigenvector 2:
[-0.65653988 -0.72971237  0.1757674   0.07470647]
Eigenvalue 2 from covariance matrix: 0.242243571627515
------------------------------
Eigenvector 3:
[-0.58099728  0.59641809  0.07252408  0.54906091]
Eigenvalue 3 from covariance matrix: 0.07852390809415474
------------------------------
Eigenvector 4:
[ 0.31725455 -0.32409435 -0.47971899  0.75112056]
Eigenvalue 4 from covariance matrix: 0.023683027126001163
------------------------------
```

### 3. 按降序保留前 k 个特征值

我们有 4 个特征值，需要选择合适的数量进行保留。如果我们愿意，可以保留完整的 4 个，但是一般希望选择的比原始特征数更少。多少合适呢？虽然可以进行暴力搜索，但是我们的工具库中有一个新工具——**碎石图**（scree plot）。

碎石图是一种简单的折线图，显示每个主成分解释数据总方差的百分比。要绘制碎石图，需要对特征值进行降序排列，绘制每个主成分和之前所有主成分方差的和。在鸢尾花数据集上，我们的碎石图有 4 个点，每个点代表一个主成分。每个主成分解释了总方差的某个百分比，相加后，所有主成分应该解释了数据集中总方差的 100%。

我们取每个特征向量（主成分）的特征值，将其除以所有特征值的和，计算每个特征向量解释方差的百分比：

```
# 每个主成分解释的百分比是特征值除以特征值之和
explained_variance_ratio = eig_val_cov/eig_val_cov.sum()
explained_variance_ratio


array([0.92461621, 0.05301557, 0.01718514, 0.00518309])
```

可以看到，4 个主成分解释的部分有很大差异。作为单个特征（列），第一个主成分可以解释方差的 92% 以上。太惊人了！理论上，这个超级列可以完成 4 个原始列的绝大部分工作。

下面对碎石图进行可视化，图中的 $x$ 轴上有 4 个主成分，$y$ 轴是累积方差。每个数据点代表到这个主成分为止可以解释的方差百分比：

```
# 碎石图

plt.plot(np.cumsum(explained_variance_ratio))
plt.title('Scree Plot')
plt.xlabel('Principal Component (k)')
plt.ylabel('% of Variance Explained <= k')
```

上面代码的输出如下图所示。

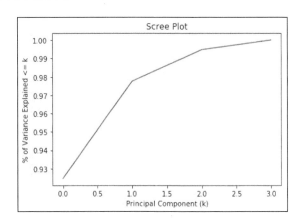

上图告诉我们，前两个主成分就占了原始方差的近 98%，意味着几乎可以只用前两个特征向量作为新的主成分。我们可以将数据集缩小一半（从 4 列缩小到 2 列），而且保持了特征的完整性、加速了性能。下面会进一步研究机器学习的例子，并对理论加以验证。

 特征值分解总是会产生和特征一样多的特征向量。我们需要在计算完毕后选择希望使用的主成分数量。这表示 PCA 和本书中大部分算法一样是半监督的，需要一些人为输入。

### 4. 使用保留的特征向量转换新的数据点

在做出保留两个主成分的决定后（这个数字是靠网格搜索还是分析碎石图得到的无关紧要），我们必须能用这些主成分转换新的样本数据点。首先隔离这两个特征向量，存储在 `top_2_eigenvectors` 变量中：

```
# 保存两个特征向量
top_2_eigenvectors = eig_vec_cov[:,:2].T

# 转置，每行是一个主成分，两行代表两个主成分
top_2_eigenvectors

array([[ 0.36158968, -0.08226889,  0.85657211,  0.35884393],
       [-0.65653988, -0.72971237,  0.1757674 ,  0.07470647]])
```

数组代表了两个特征向量：

- ❏  [ 0.36158968, -0.08226889, 0.85657211, 0.35884393]
- ❏  [-0.65653988, -0.72971237, 0.1757674 , 0.07470647]]

通过这些向量，我们可以将 iris_X 和 top_2_eigenvectors 两个矩阵相乘，将数据投影到改进后的超级数据集中。下图显示了这个过程。

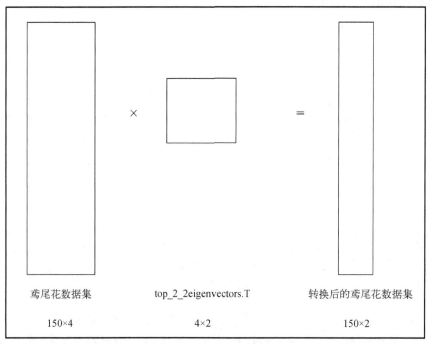

鸢尾花数据集           top_2_2eigenvectors.T           转换后的鸢尾花数据集

150×4                    4×2                          150×2

上图显示了如何利用主成分将数据集从原始空间转换到新的坐标系。在本例中，我们将原始的150 × 4的鸢尾花数据集乘以两个特征向量的转置。结果是一个行数相同但是列数减少的矩阵。每行都乘以了两个主成分

矩阵相乘后，我们将原始数据集**投影**到这个新的二维空间：

```
# 将数据集从 150 × 4 转换到 150 × 2
# 将数据矩阵和特征向量相乘

np.dot(iris_X, top_2_eigenvectors.T)[:5,]

array([[ 2.82713597, -5.64133105],
       [ 2.79595248, -5.14516688],
       [ 2.62152356, -5.17737812],
       [ 2.7649059 , -5.00359942],
       [ 2.78275012, -5.64864829]])
```

这样就完成了。我们将四维的鸢尾花数据集转换成了只有两列的新矩阵，而这个新矩阵可以在机器学习流水线中代替原始数据集。

### 6.2.3 scikit-learn 的 PCA

和往常一样，scikit-learn 在转换器中实现了这个过程，所以每次想调用这个强大的过程时，都不必手动编写。

(1) 从 scikit-learn 的分解模块中导入：

```
# scikit-learn 的 PCA
from sklearn.decomposition import PCA
```

(2) 为了模仿鸢尾花数据集的操作过程，我们实例化有两个组件的 PCA 对象：

```
# 和其他 scikit 模块一样，先实例化
pca = PCA(n_components=2)
```

(3) 现在可以用 PCA 拟合数据了：

```
# 在数据上使用 PCA
pca.fit(iris_X)
```

(4) 查看一下 PCA 对象的属性，看看是不是和手动计算的结果匹配。检查 components_ 属性是不是和前面的 top_2_eigenvectors 变量匹配：

```
pca.components_
```

```
array([[ 0.36158968, -0.08226889,  0.85657211,  0.35884393],
       [ 0.65653988,  0.72971237, -0.1757674 , -0.07470647]])
```

```
# 第二列是手动过程的负数，因为特征向量可以为正也可以为负
# 对机器学习流水线几乎没有影响
```

(5) 这两个主成分几乎完美匹配之前的 top_2_eigenvectors 变量。我们说"几乎"完美，是因为第二个主成分是之前计算值的负数。然而这在数学上而言没有问题，因为两个特征都 100% 有效，而且也是不相关的。

(6) 到目前为止，这个过程比前面的简单得多。要完成这个过程，我们用 PCA 对象的 transform 方法，将数据投影到新的二维平面上：

```
pca.transform(iris_X)[:5,]
```

```
array([[-2.68420713,  0.32660731],
       [-2.71539062, -0.16955685],
       [-2.88981954, -0.13734561],
       [-2.7464372 , -0.31112432],
       [-2.72859298,  0.33392456]])
```

```
# scikit-learn 的 PCA 会将数据中心化，所以和手动过程的数据不一样
```

 注意，这里投影后的数据和之前不同，因为 scikit-learn 的 PCA 会在预测阶段自动将数据中心化，从而改变结果。

(7) 我们可以改变一行，模仿之前的效果：

```
# 手动中心化数据，模仿 scikit-learn 的 PCA
np.dot(iris_X-mean_vector, top_2_eigenvectors.T)[:5,]
```

```
array([[-2.68420713, -0.32660731],
       [-2.71539062,  0.16955685],
       [-2.88981954,  0.13734561],
       [-2.7464372 ,  0.31112432],
       [-2.72859298, -0.33392456]])
```

(8) 绘制鸢尾花数据集，比较一下投影到新坐标系之前和之后的样子：

```
# 绘制原始和投影后的数据
plot(iris_X, iris_y, "Original Iris Data", "sepal length (cm)", "sepal width (cm)")
plt.show()
plot(pca.transform(iris_X), iris_y, "Iris: Data projected onto first two PCA
components", "PCA1", "PCA2")
```

上面代码的输出如下图所示。

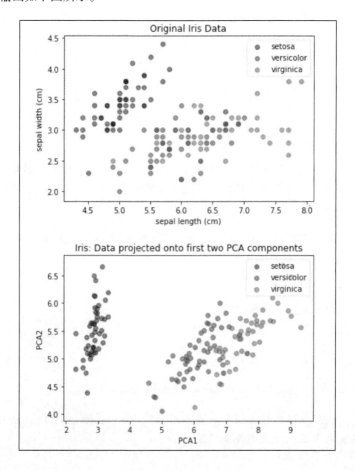

在原始数据集中，我们可以在前两列的原始特征空间中看见这些鸢尾花。但是在投影后的空间内，各种花分离得更远，而且旋转了一点。数据聚类看上去更**突出**了。这是因为我们的主成分尽可能捕捉了数据的方差，并在图中展示。

我们可以像手动的例子一样，提取每个主成分解释的方差量：

```
# 每个主成分解释的方差量
# 和之前的一样
pca.explained_variance_ratio_

array([0.92461621, 0.05301557])
```

现在我们可以用 scikit-learn 的 PCA 实现所有基本功能了，下面用这些信息展示 PCA 的主要优点之一：消除相关特征。

 本质上，在特征值分解时，得到的所有主成分都互相垂直，意思是彼此线性无关。

因为很多机器学习模型和预处理技术会假设输入的特征是互相独立的，所以消除相关特征好处很大。我们可以用 PCA 确保这一点。

为了说明，我们创建鸢尾花数据集的相关矩阵，找出特征间的平均线性相关参数。然后对 PCA 投影后的数据集执行同样的操作，并对值进行比较。我们认为，投影后数据集的平均相关系数应该更接近 0，也就是说所有的特征都是线性独立的。

首先计算鸢尾花数据集的相关矩阵。

(1) 这个矩阵是 $4 \times 4$ 的，每个值代表两个特征间的相关性系数：

```
# PCA 消除相关性

# 原始数据集的相关矩阵
np.corrcoef(iris_X.T)

array([[ 1.        , -0.10936925,  0.87175416,  0.81795363],
       [-0.10936925,  1.        , -0.4205161 , -0.35654409],
       [ 0.87175416, -0.4205161 ,  1.        ,  0.9627571 ],
       [ 0.81795363, -0.35654409,  0.9627571 ,  1.        ]])
```

(2) 我们提取对角线上的 1，计算特征间的平均相关性：

```
# 对角线上的相关系数
np.corrcoef(iris_X.T)[[0, 0, 0, 1, 1], [1, 2, 3, 2, 3]]

array([-0.10936925,  0.87175416,  0.81795363, -0.4205161 , -0.35654409])
```

(3) 最后取数组的均值：

```
# 原始数据集的平均相关性
np.corrcoef(iris_X.T)[[0, 0, 0, 1, 1], [1, 2, 3, 2, 3]].mean()

0.16065567094168517
```

(4) 平均相关系数是 0.16，虽然很小，但肯定不是 0。我们做一个完整的 PCA，提取所有主成分：

```
# 取所有主成分
full_pca = PCA(n_components=4)

# PCA 拟合数据集
full_pca.fit(iris_X)
```

(5) 然后用老办法计算（应该是线性独立的）新列的平均相关系数：

```
pca_iris = full_pca.transform(iris_X)
# PCA 后的平均相关系数
np.corrcoef(pca_iris.T)[[0, 0, 0, 1, 1], [1, 2, 3, 2, 3]].mean()
# 非常接近 0，因为列互相独立
# 特征值分解的重要性质

-5.260986846249321e-17 # 非常接近 0
```

投影到主成分的数据相关性极小，在机器学习中总体而言是有帮助的。

## 6.2.4　中心化和缩放对 PCA 的影响

和前面用过的很多转换方法一样，特征的缩放对于转换往往极其重要。PCA 也不例外。上面说到，scikit-learn 的 PCA 在预测阶段会将数据进行中心化（centering），但为什么不是在拟合时进行？如果 scikit-learn 的 PCA 要在预测时添加一步数据中心化的操作，那为什么不在计算特征向量时就完成？我们的假设是：将数据中心化不会影响主成分。下面进行验证。

(1) 导入 scikit-learn 的 StandardScaler 模块，对鸢尾花数据集进行中心化：

```
# 导入缩放模块
from sklearn.preprocessing import StandardScaler
# 中心化数据
X_centered = StandardScaler(with_std=False).fit_transform(iris_X)

X_centered[:5,]

array([[-0.74333333,  0.446      , -2.35866667, -0.99866667],
       [-0.94333333, -0.054      , -2.35866667, -0.99866667],
       [-1.14333333,  0.146      , -2.45866667, -0.99866667],
       [-1.24333333,  0.046      , -2.25866667, -0.99866667],
       [-0.84333333,  0.546      , -2.35866667, -0.99866667]])
```

(2) 查看一下中心化后的数据集：

```
# 绘制中心化后的数据
plot(X_centered, iris_y, "Iris: Data Centered", "sepal length (cm)", "sepal width
(cm)")
```

结果如下图所示。

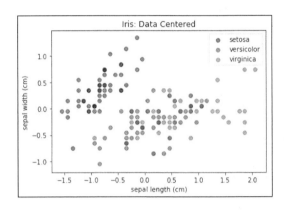

（3）用之前实例化的 PCA 类（n_components 设为 2）拟合中心化后的数据集：

```
# 拟合数据集
pca.fit(X_centered)
```

（4）之后调用 PCA 类的 components_属性，和原始鸢尾花数据集的结果进行比较：

```
# 主成分一样
pca.components_
```

```
array([[ 0.36158968, -0.08226889,  0.85657211,  0.35884393],
       [ 0.65653988,  0.72971237, -0.1757674 , -0.07470647]])
```

（5）看起来中心化后的主成分和之前的完全相同。为了明确解释，我们用 PCA 类对中心化后的数据进行转换，查看前 5 行是否和之前的投影一样：

```
# PCA 自动进行中心化，投影一样
pca.transform(X_centered)[:5,]
```

```
array([[-2.68420713,  0.32660731],
       [-2.71539062, -0.16955685],
       [-2.88981954, -0.13734561],
       [-2.7464372 , -0.31112432],
       [-2.72859298,  0.33392456]])
```

（6）结果是一样的！投影后的中心化数据和被解释的方差比例也匹配：

```
# PCA 中心化后的数据图，和之前的一样
plot(pca.transform(X_centered), iris_y, "Iris: Data projected onto first two PCA
components with centered data", "PCA1", "PCA2")
```

结果如下图所示。

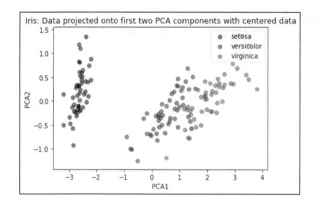

关于解释方差的百分比，我们可以这样看：

```
# 每个主成分解释方差的百分比
pca.explained_variance_ratio_
```

```
array([0.92461621, 0.05301557])
```

这是因为，原始矩阵和中心化后矩阵的协方差矩阵相同。如果两个矩阵的协方差矩阵相同，那么它们的特征值分解也相同。因此，scikit-learn 的 PCA 不会对数据进行中心化，因为无论是否进行中心化操作，结果都一样。那么为什么要加上这个步骤呢？

我们观察一下，用标准 $z$ 分数进行缩放时，主成分的变化程度：

```
# z 分数缩放
X_scaled = StandardScaler().fit_transform(iris_X)
```

```
# 绘图
plot(X_scaled, iris_y, "Iris: Data Scaled", "sepal length (cm)", "sepal width (cm)")
```

输出如下图所示。

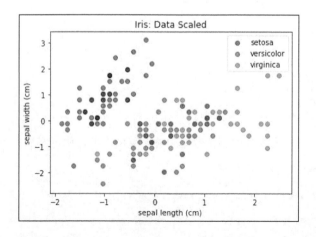

需要注意，到这里，我们已经以不同的形式绘制了鸢尾花数据集：原始格式，中心化，以及完全缩放。在每幅图中，数据点完全相同，但是轴不一样。这是预料之中的：中心化和缩放不会改变数据的形状，但是会影响特征工程和机器学习流水线的特征交互。

在经过缩放的新数据上应用 PCA 模块，看一下主成分的变化：

```
# 二维 PCA 拟合
pca.fit(X_scaled)

# 与中心化后的主成分不同
pca.components_

array([[ 0.52237162, -0.26335492,  0.58125401,  0.56561105],
       [ 0.37231836,  0.92555649,  0.02109478,  0.06541577]])
```

和之前的主成分不同，这次连数字也不一样。PCA 不改变数据的尺度，所以数据的尺度会影响主成分。注意，这里缩放的意思是对数据进行中心化，并除以标准差。我们把数据集投影到新的主成分上，确定新的投影数据已经有了变化：

```
# 缩放不同，投影不同
pca.transform(X_scaled)[:5,]

array([[-2.26454173,  0.5057039 ],
       [-2.0864255 , -0.65540473],
       [-2.36795045, -0.31847731],
       [-2.30419716, -0.57536771],
       [-2.38877749,  0.6747674 ]])
```

最后，查看一下解释方差的百分比：

```
# 每个主成分解释方差的百分比
pca.explained_variance_ratio_

array([0.72770452, 0.23030523])
```

有意思。在特征工程或机器学习中，特征缩放一般来说都是好的，我们在大多数情况下会推荐这种操作。但是为什么第一个主成分解释方差的比例比之前低得多？

这是因为对数据进行缩放后，列与列的协方差会更加一致，而且每个主成分解释的方差会变得分散，而不是集中在一个主成分中。在实践和生产环境下，我们会建议进行缩放，但应该在缩放和未缩放的数据上都进行性能测试。

回顾一下这个部分，看看缩放后数据的投影：

```
# 绘制缩放后数据的 PCA
plot(pca.transform(X_scaled), iris_y, "Iris: Data projected onto first two PCA
components", "PCA1", "PCA2")
```

输出如下图所示。

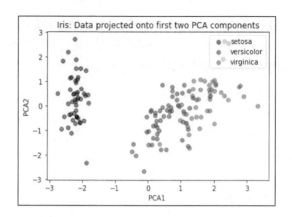

区别不明显，但是如果你仔细观察并与之前投影后的原始和中心化数据进行比较，可以看见一点微妙的差异。

## 6.2.5　深入解释主成分

在介绍第二个特征转换算法前，我们需要研究一下如何解释主成分。

(1) 鸢尾花数据集是一个 $150 \times 4$ 的矩阵。当我们把 n_components 设置为 2 时，得到的矩阵是 $2 \times 4$ 的：

```
# 解释主成分
pca.components_ # 2 x 4 矩阵

array([[ 0.52237162, -0.26335492,  0.58125401,  0.56561105],
       [ 0.37231836,  0.92555649,  0.02109478,  0.06541577]])
```

(2) 和手动计算特征向量时一样，components_属性可以用矩阵乘法计算投影。我们将原始数据和 components_矩阵的转置相乘：

```
# 原始矩阵 (150 x 4) 和转置主成分矩阵 (4 x 2) 相乘，得到投影数据 (150 x 2)
np.dot(X_scaled, pca.components_.T)[:5,]

array([[-2.26454173,  0.5057039 ],
       [-2.0864255 , -0.65540473],
       [-2.36795045, -0.31847731],
       [-2.30419716, -0.57536771],
       [-2.38877749,  0.6747674 ]])
```

(3) 为了让行列数对应，我们对矩阵进行了转置。其底层的原理是，对于每行，计算原始行和每个主成分的点积。点积的结果是新的行：

```
# 提取缩放数据的第一行
first_scaled_flower = X_scaled[0]
```

```
# 提取两个主成分
first_Pc = pca.components_[0]
second_Pc = pca.components_[1]

first_scaled_flower.shape # (4,)
print(first_scaled_flower) # array([-0.90068117, 1.03205722, -1.3412724 ,
-1.31297673])


# 就是第一行和主成分的点积
np.dot(first_scaled_flower, first_Pc), np.dot(first_scaled_flower, second_Pc)

[-0.90068117  1.03205722 -1.3412724  -1.31297673]
(-2.264541728394902, 0.5057039027737822)
```

(4) 可以利用内置的转换方法进行操作:

```
# PCA 的转换方法
pca.transform(X_scaled)[:5,]

array([[-2.26454173,  0.5057039 ],
       [-2.0864255 , -0.65540473],
       [-2.36795045, -0.31847731],
       [-2.30419716, -0.57536771],
       [-2.38877749,  0.6747674 ]])
```

换句话说,每个主成分都是原始列的组合。这样,我们的第一个主成分是:

```
[ 0.52237162, -0.26335492, 0.58125401, 0.56561105]
```

第一个缩放后的花是:

```
[-0.90068117, 1.03205722, -1.3412724 , -1.31297673]
```

要获取投影矩阵第一行的第一个元素,可以用公式:

$$(0.52237162 \times -0.90068117) + (-0.26335492 \times 1.03205722) + (0.58125401 \times -1.3412724) +$$
$$(0.56561105 \times -1.31297673) = -2.264541736368$$

实际上,对于任何花的数据(坐标是$(a, b, c, d)$:按 iris.feature_names 的描述,$a$是萼片长度,$b$是萼片宽度,$c$是花瓣长度,$d$是花瓣宽度),新坐标系的第一个值可以如此计算:

$$0.52237162a - 0.26335492b + 0.58125401c + 0.56561105d$$

我们进一步处理,对主成分进行可视化。我们截断原始数据,只保留两个原始特征,即萼片长度和萼片宽度。这样做的原因是使可视化更加简单,不需要关心 4 个维度:

```
# 删掉后两个特征
iris_2_dim = iris_X[:,2:4]

# 中心化
```

6

```
iris_2_dim = iris_2_dim - iris_2_dim.mean(axis=0)

plot(iris_2_dim, iris_y, "Iris: Only 2 dimensions", "sepal length", "sepal width")
```

输出如下图所示。

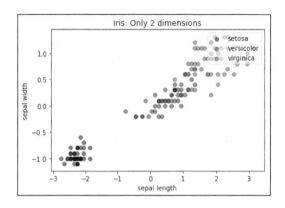

可以看见左下角有一个山鸢尾（setosa）的聚类，右上方是变色鸢尾（versicolor）和维吉尼亚鸢尾（virginica）的聚类，后者所占面积更大。很明显，数据整体上按从左下角到右上角的对角线延伸。我们希望主成分会按此重新安排数据。

我们实例化一个保留两个主成分的 PCA 类，然后将截断的鸢尾花数据集转换为新的列：

```
# 实例化保留两个主成分的 PCA
twodim_pca = PCA(n_components=2)

# 拟合并转换截断的数据
iris_2_dim_transformed = twodim_pca.fit_transform(iris_2_dim)

plot(iris_2_dim_transformed, iris_y, "Iris: PCA performed on only 2 dimensions",
"PCA1", "PCA2")
```

结果如下图所示。

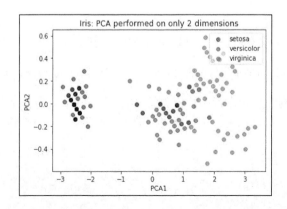

第一个主成分 PCA 1 表示了大部分差异，所以投影后的数据主要在 x 轴上分布。注意 x 轴的区间是-3 ~ 3，而 y 轴的区间是-0.4 ~ 0.6。为了进一步说明，我们用下面的代码绘制原始和投影后的鸢尾花散点图，在两个坐标系上面覆盖 twodim_pca 的主成分。

我们的目标是将主成分理解成引导向量，展示数据如何移动，以及这些向量如何变成垂直坐标系：

```python
# 下面的代码展示原始数据和用 PCA 投影后的数据
# 但是在图上，每个主成分都按数据的向量处理
# 长箭头是第一个主成分，短箭头是第二个
def draw_vector(v0, v1, ax):
    arrowprops=dict(arrowstyle='->',linewidth=2,
                    shrinkA=0, shrinkB=0)
    ax.annotate('', v1, v0, arrowprops=arrowprops)

fig, ax = plt.subplots(2, 1, figsize=(10, 10))
fig.subplots_adjust(left=0.0625, right=0.95, wspace=0.1)

# 绘图
ax[0].scatter(iris_2_dim[:, 0], iris_2_dim[:, 1], alpha=0.2)
for length, vector in zip(twodim_pca.explained_variance_, twodim_pca.components_):
    v = vector * np.sqrt(length)  # 拉长向量，和 explained_variance 对应
    draw_vector(twodim_pca.mean_,
                twodim_pca.mean_ + v, ax=ax[0])
ax[0].set(xlabel='x', ylabel='y', title='Original Iris Dataset',
          xlim=(-3, 3), ylim=(-2, 2))


ax[1].scatter(iris_2_dim_transformed[:, 0], iris_2_dim_transformed[:, 1], alpha=0.2)
for length, vector in zip(twodim_pca.explained_variance_, twodim_pca.components_):
    transformed_component = twodim_pca.transform([vector])[0]  # 转换到新坐标系
    v = transformed_component * np.sqrt(length)  # 拉长向量，和 explained_variance 对应
    draw_vector(iris_2_dim_transformed.mean(axis=0),
                iris_2_dim_transformed.mean(axis=0) + v, ax=ax[1])
ax[1].set(xlabel='component 1', ylabel='component 2',
          title='Projected Data',
          xlim=(-3, 3), ylim=(-1, 1))
```

下面两幅图展示了**原始鸢尾花数据集**和使用了 **PCA 的投影数据集**。

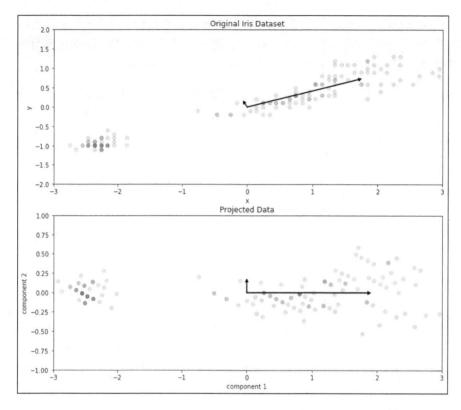

上方的图表示原始坐标系中的主成分。这些主成分不是垂直的，指向数据自然遵循的方向。可以看到，两个向量中较长的那个就是第一个主成分，其方向明显是鸢尾花数据最符合的对角线方向。

第二个主成分是方差的方向，解释一部分的数据形状，但不能全部解释。下方的图显示了鸢尾花数据如何投影到新的主成分上，而新的主成分变成了直角坐标系，也就是新的 $x$ 轴和 $y$ 轴。

PCA 是一种特征转换工具，能以原始特征的线性组合构建出全新的超级特征。我们看见，这些新的主成分表示了最大的方差，变成了数据的新坐标系。下一个特征转换算法与其类似，也是从数据中提取特征，不过是以机器学习的方式来做的。

## 6.3  线性判别分析

**线性判别分析**（LDA，linear discriminant analysis）是特征变换算法，也是有监督分类器。LDA 一般用作分类流水线的预处理步骤。和 PCA 一样，LDA 的目标是提取一个新的坐标系，将原始数据集投影到一个低维空间中。和 PCA 的主要区别在于，LDA 不会专注于数据的方差，而是优化低维空间，以获得最佳的类别可分性。意思是，新的坐标系在为分类模型查找决策边界时更有用，非常适合用于构建分类流水线。

 LDA 极为有用的原因在于，基于类别可分性的分类有助于避免机器学习流水线的过拟合，也叫**防止维度诅咒**。LDA 也会降低计算成本。

## 6.3.1 LDA 的工作原理

LDA 和 PCA 一样可以作为降维工具使用，但并不会计算整体数据的协方差矩阵的特征值，而是计算类内（within-class）和类间（between-class）散布矩阵的特征值和特征向量。LDA 分为 5 个步骤：

(1) 计算每个类别的均值向量；

(2) 计算类内和类间的散布矩阵；

(3) 计算 $S_W^{-1} S_B$ 的特征值和特征向量；

(4) 降序排列特征值，保留前 $k$ 个特征向量；

(5) 使用前几个特征向量将数据投影到新空间。

我们来看一个例子。

### 1. 计算每个类别的均值向量

首先计算每个类别中每列的均值向量，分别是 setosa、versicolor 和 virginica：

```python
# 每个类别的均值向量
# 将鸢尾花数据集分成 3 块
# 每块代表一种鸢尾花，计算均值
mean_vectors = []
for cl in [0, 1, 2]:
    class_mean_vector = np.mean(iris_X[iris_y==cl], axis=0)
    mean_vectors.append(class_mean_vector)
    print(label_dict[cl], class_mean_vector)

setosa [5.006 3.418 1.464 0.244]
versicolor [5.936 2.77  4.26  1.326]
virginica [6.588 2.974 5.552 2.026]
```

### 2. 计算类内和类间的散布矩阵

我们先计算**类内**的散布矩阵，定义如下：

$$S_W = \sum_{i=1}^{c} S_i$$

$S_i$ 的定义是：

$$S_i = \sum_{\mathbf{x} \in D_i}^{n} (\mathbf{x} - \mathbf{m}_i)(\mathbf{x} - \mathbf{m}_i)^T$$

在这里，$\mathbf{m}_i$ 代表第 $i$ 个类别的均值向量。**类间散布矩阵**的定义是：

$$S_B = \sum_{i=1}^{c} N_i (\mathbf{m}_i - \mathbf{m})(\mathbf{m}_i - \mathbf{m})^T$$

$\mathbf{m}$ 是数据集的总体均值，$\mathbf{m}_i$ 是每个类别的样本均值，$N_i$ 是每个类别的样本大小（观察值数量）：

```python
# 类内散布矩阵
S_W = np.zeros((4,4))
# 对于每种鸢尾花
for cl,mv in zip([0, 1, 2], mean_vectors):
    # 从 0 开始，每个类别的散布矩阵
    class_sc_mat = np.zeros((4,4))
    # 对于每个样本
    for row in iris_X[iris_y == cl]:
        # 列向量
        row, mv = row.reshape(4,1), mv.reshape(4,1)
        # 4 x 4 的矩阵
        class_sc_mat += (row-mv).dot((row-mv).T)
    # 散布矩阵的和
    S_W += class_sc_mat

S_W

array([[38.9562, 13.683 , 24.614 ,  5.6556],
       [13.683 , 17.035 ,  8.12  ,  4.9132],
       [24.614 ,  8.12  , 27.22  ,  6.2536],
       [ 5.6556,  4.9132,  6.2536,  6.1756]])
```

```python
# 类间散布矩阵

# 数据集的均值
overall_mean = np.mean(iris_X, axis=0).reshape(4,1)

# 会变成散布矩阵
S_B = np.zeros((4,4))
for i,mean_vec in enumerate(mean_vectors):
    # 每种花的数量
    n = iris_X[iris_y==i,:].shape[0]
    # 每种花的列向量
    mean_vec = mean_vec.reshape(4,1)
    S_B += n * (mean_vec - overall_mean).dot((mean_vec - overall_mean).T)

S_B

array([[ 63.21213333, -19.534     , 165.16466667,  71.36306667],
       [-19.534     ,  10.9776    , -56.0552    , -22.4924    ],
```

```
[165.16466667, -56.0552    , 436.64373333, 186.90813333],
[ 71.36306667, -22.4924    , 186.90813333,  80.60413333]])
```

 类内和类间的散布矩阵是对 ANOVA 测试中一个步骤的概括（上一章有涉及）。此处的想法是把鸢尾花数据分成两个不同的部分。

计算矩阵之后，我们可以进入下一步，用矩阵代数提取线性判别式。

### 3. 计算 $S_W^{-1}S_B$ 的特征值和特征向量

和 PCA 的操作类似，我们需要对特定矩阵进行特征值分解。在 LDA 中，我们会分解矩阵 $S_W^{-1}S_B$：

```
# 计算矩阵的特征值和特征向量
eig_vals, eig_vecs = np.linalg.eig(np.dot(np.linalg.inv(S_W), S_B))
eig_vecs = eig_vecs.real
eig_vals = eig_vals.real

for i in range(len(eig_vals)):
    eigvec_sc = eig_vecs[:,i]
    print('Eigenvector {}: {}'.format(i+1, eigvec_sc))
    print('Eigenvalue {:}: {}'.format(i+1, eig_vals[i]))
    print

Eigenvector 1: [ 0.20490976  0.38714331 -0.54648218 -0.71378517]
Eigenvalue 1: 32.27195779972981
Eigenvector 2: [-0.00898234 -0.58899857  0.25428655 -0.76703217]
Eigenvalue 2: 0.27756686384004514
Eigenvector 3: [ 0.26284129 -0.36351406 -0.41271318  0.62287111]
Eigenvalue 3: -2.170668690724263e-15
Eigenvector 4: [ 0.26284129 -0.36351406 -0.41271318  0.62287111]
Eigenvalue 4: -2.170668690724263e-15
```

注意第三个和第四个特征值几乎是 0，这是因为 LDA 的工作方式是在类间划分决策边界。考虑到鸢尾花数据中只有 3 个类别，我们可能只需要 2 个决策边界。通常来说，用 LDA 拟合 $n$ 个类别的数据集，最多只需要 $n-1$ 次切割。

### 4. 降序排列特征值，保留前 $k$ 个特征向量

和 PCA 一样，只保留最有用的特征向量：

```
# 保留最好的两个线性判别式
linear_discriminants = eig_vecs.T[:2]

linear_discriminants

array([[ 0.20490976,  0.38714331, -0.54648218, -0.71378517],
       [-0.00898234, -0.58899857,  0.25428655, -0.76703217]])
```

用每个特征值除以特征值的和，可以查看每个类别（线性判别式）解释总方差的比例：

```
# 解释总方差的比例
eig_vals / eig_vals.sum()
```

```
array([ 9.91472476e-01,  8.52752434e-03, -6.66881840e-17, -6.66881840e-17])
```

看起来第一个判别式做了绝大部分的工作，拥有超过 99%的信息。

**5. 使用前几个特征向量投影到新空间**

现在我们有了所有的线性判别式，先用特征向量将鸢尾花数据集投影到新空间，然后用 plot 函数绘制投影数据：

```
# LDA 投影数据
lda_iris_projection = np.dot(iris_X, linear_discriminants.T)
lda_iris_projection[:5,]

plot(lda_iris_projection, iris_y, "LDA Projection", "LDA1", "LDA2")
```

输出如下图所示。

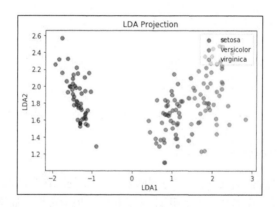

注意在图中，数据几乎完全**突出**出来了（甚至比 PCA 的投影效果还好），因为 LDA 会绘制决策边界，提供特征向量/线性判别式，从而帮助机器学习模型尽可能分离各种花。这有助于将数据投影到每个类别都尽可能分散的空间中。

## 6.3.2    在 scikit-learn 中使用 LDA

scikit-learn 中有 LDA 的实现，可以避免这个费时费力的过程。导入很简单：

```
from sklearn.discriminant_analysis import LinearDiscriminantAnalysis
```

然后可以拟合并转换原始的鸢尾花数据，绘制新的投影，以便和 PCA 的结果进行比较。注意在下面的代码中，fit 函数需要两个输入。

回忆一下，我们说过，LDA 其实是伪装成特征转换算法的分类器。和 PCA 的无监督计算（不需要响应变量）不同，LDA 会尝试用响应变量查找最佳坐标系，尽可能优化类别可分性。这意味着，LDA 只在响应变量存在时才可以使用。使用时，我们把响应变量作为第二个参数输入 fit，让 LDA 进行计算：

```
# 实例化 LDA 模块
lda = LinearDiscriminantAnalysis(n_components=2)

# 拟合并转换鸢尾花数据
X_lda_iris = lda.fit_transform(iris_X, iris_y)

# 绘制投影数据
plot(X_lda_iris, iris_y, "LDA Projection", "LDA1", "LDA2")
```

输出如下图所示。

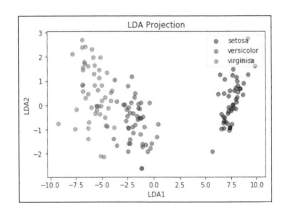

上图是手动执行 LDA 时投影的镜像，看起来还可以。回想一下，在 PCA 中我们有过符号相反的特征向量，但这不会影响机器学习流水线。在 LDA 模块中，我们需要注意一些差别。LDA 有一个 scalings_ 属性，没有 components_，但是二者的行为基本相同：

```
# 和 pca.components_ 基本一样，但是转置了（4 × 2，而不是 2 × 4）
lda.scalings_

array([[ 0.81926852,  0.03285975],
       [ 1.5478732 ,  2.15471106],
       [-2.18494056, -0.93024679],
       [-2.85385002,  2.8060046 ]])

# 和手动计算一样
lda.explained_variance_ratio_

array([0.99147248, 0.00852752])
```

两个线性判别式解释的方差和之前计算的比例完全相同。注意我们忽略了第三个和第四个特征值，因为它们几乎是 0。

然而，这些判别式乍看之下和之前手动计算的特征向量完全不同。这是因为 scikit-learn 计算特征向量的方式虽然得到了相同的结果，但是会进行标量缩放，如下所示：

```
# scikit-learn 计算的结果和手动一样，但是有缩放
for manual_component, sklearn_component in zip(eig_vecs.T[:2], lda.scalings_.T):
    print(sklearn_component / manual_component)

[3.99819178 3.99819178 3.99819178 3.99819178]
[-3.65826194 -3.65826194 -3.65826194 -3.65826194]
```

scikit-learn 计算的线性判别式是手动计算结果的标量乘法，意味着它们都是正确的特征向量。唯一的区别在于投影数据的缩放问题。

这些特征被组织成 $4 \times 2$ 的矩阵，而不是 PCA 中 $2 \times 4$ 的矩阵。这是开发模块时的选择，在数学上没有影响。LDA 和 PCA 都不改变数据尺度，所以缩放非常重要。

我们在 LDA 上拟合缩放后的鸢尾花数据，看看差异：

```
# 用 LDA 拟合缩放数据
X_lda_iris = lda.fit_transform(X_scaled, iris_y)
lda.scalings_  # 缩放后数据的尺度不同

array([[ 0.67614337,  0.0271192 ],
       [ 0.66890811,  0.93115101],
       [-3.84228173, -1.63586613],
       [-2.17067434,  2.13428251]])
```

scalings_ 属性（和 PCA 的 components_ 属性类似）显示了不同的数组，代表投影也是不一样的。为了完成对 LDA 的描述，我们再用一次之前的代码，像对待 PCA 的 components_ 属性一样解释 scalings_。

先在截断后的数据集上用 LDA 拟合并转换，只保留前两个特征：

```
# 在截断的数据集上拟合
iris_2_dim_transformed_lda = lda.fit_transform(iris_2_dim, iris_y)
```

看看数据集投影的前 5 行：

```
# 投影数据
iris_2_dim_transformed_lda[:5,]

array([[-6.04248571,  0.07027756],
       [-6.04248571,  0.07027756],
       [-6.19690803,  0.28598813],
       [-5.88806338, -0.14543302],
       [-6.04248571,  0.07027756]])
```

scalings_ 矩阵现在是 $2 \times 2$ 的（2 行 2 列），列是判别式（和 PCA 的行是主成分不同）。要进行调整，可以建立一个叫 components 的变量，保存 scalings_ 的转置：

```
# 名称不同
components = lda.scalings_.T   # 转置为和 PCA 一样，行变成判别式
print(components)

[[ 1.54422328  2.40338224]
 [-2.15710573  5.02431491]]

np.dot(iris_2_dim, components.T)[:5,]   # 和 transform 一样

array([[-6.04248571,  0.07027756],
       [-6.04248571,  0.07027756],
       [-6.19690803,  0.28598813],
       [-5.88806338, -0.14543302],
       [-6.04248571,  0.07027756]])
```

我们看见，components 变量和 PCA 中 components_ 的使用方式相同。这意味着，和 PCA 一样，投影是原始列的一个线性组合。还要注意，LDA 也会和 PCA 一样去除特征的相关性。为了证明这一点，我们计算原始截断数据和投影数据的相关矩阵：

```
# 原始特征的相关性很大
np.corrcoef(iris_2_dim.T)

array([[1.        , 0.9627571],
       [0.9627571, 1.       ]])

# LDA 的相关性极小，和 PCA 一样
np.corrcoef(iris_2_dim_transformed_lda.T)

array([[1.00000000e+00, 9.77085532e-16],
       [9.77085532e-16, 1.00000000e+00]])
```

注意，原始数据每个矩阵的右上角，特征都是**高度**相关的，但是 LDA 投影后数据的特征高度独立（相关系数接近 0）。在利用 PCA 和 LDA 开始真正的机器学习前，我们来总结一下对 LDA 的解释。和 PCA 一样，查看 LDA 中 scalings_ 属性的图像：

```
# 下面的代码展示原始数据和用 LDA 投影后的数据
# 但是在图上，每个缩放都按数据的向量处理
# 长箭头是第一个缩放向量，短箭头是第二个
def draw_vector(v0, v1, ax):
    arrowprops=dict(arrowstyle='->',
                    linewidth=2,
                    shrinkA=0, shrinkB=0)
    ax.annotate('', v1, v0, arrowprops=arrowprops)

fig, ax = plt.subplots(2, 1, figsize=(10, 10))
fig.subplots_adjust(left=0.0625, right=0.95, wspace=0.1)

# 绘图
ax[0].scatter(iris_2_dim[:, 0], iris_2_dim[:, 1], alpha=0.2)
for length, vector in zip(lda.explained_variance_ratio_, components):
    v = vector * .5
    draw_vector(lda.xbar_, lda.xbar_ + v, ax=ax[0])  # lda.xbar_ 等于 pca.mean_
```

6

```
ax[0].axis('equal')
ax[0].set(xlabel='x', ylabel='y', title='Original Iris Dataset',
        xlim=(-3, 3), ylim=(-3, 3))

ax[1].scatter(iris_2_dim_transformed_lda[:, 0], iris_2_dim_transformed_lda[:, 1],
alpha=0.2)
for length, vector in zip(lda.explained_variance_ratio_, components):
    transformed_component = lda.transform([vector])[0]
    v = transformed_component * .1
    draw_vector(iris_2_dim_transformed_lda.mean(axis=0),
iris_2_dim_transformed_lda.mean(axis=0) + v, ax=ax[1])
ax[1].axis('equal')
ax[1].set(xlabel='lda component 1', ylabel='lda component 2',
        title='Linear Discriminant Analysis Projected Data',
        xlim=(-10, 10), ylim=(-3, 3))
```

结果如下图所示。

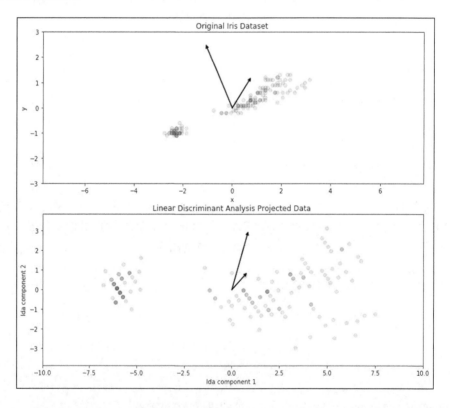

注意判别式并不与数据的方差一致，而是基本与之垂直：其实符合类别的分离情况。另外，它与左右两侧鸢尾花之间的间隔几乎平行。LDA 在试图捕捉两个类别的分离情况。

上图中，我们可以看见原始数据集的 `scalings_` 向量覆盖在数据点上。较长的向量几乎与左下的山鸢尾（setosa）和右上的其他鸢尾花之间的间隔平行。这表明 LDA 在尝试指出原始坐标系中分离鸢尾花类别的最佳方向。

需要注意的是，LDA 的 `scalings_` 属性并不像 PCA 的那样 1 : 1 对应坐标系。因为 `scalings_` 的目的不是创造新的坐标系，而是指向可以优化类别可分性的最佳方向。我们不会像介绍 PCA 时那样详细说明坐标系的计算。我们只需要知道，PCA 和 LDA 的主要区别在于：PCA 是无监督方法，捕获整个数据的方差；而 LDA 是有监督方法，通过响应变量来捕获类别可分性。

LDA 等有监督特征转换的局限性在于，不能像 PCA 那样处理聚类任务。这是因为聚类是无监督的任务，没有 LDA 需要的响应变量。

## 6.4 LDA 与 PCA：使用鸢尾花数据集

我们终于接近了尾声，可以在机器学习流水线中尝试 PCA 和 LDA 了。因为本章一直在使用鸢尾花数据集，所以继续用这个数据集展示 LDA 和 PCA 作为有监督和无监督机器学习特征转换预处理步骤的实用性。

我们从有监督的机器学习开始，建立一个分类器，从 4 个定量特征中识别鸢尾花的种类。

(1) 从 scikit-learn 中导入 3 个模块：

```
from sklearn.neighbors import KNeighborsClassifier
from sklearn.pipeline import Pipeline
from sklearn.model_selection import cross_val_score
```

我们用 K 最近邻（KNN）作为有监督模型，用流水线模块将 KNN 模型和特征转换工具结合起来，创建一个可以使用 `cross_val_score` 模块进行交叉验证的机器学习流水线。我们会尝试几个不同的机器学习流水线，并记录性能。

(2) 创建 3 个变量，其中一个代表 LDA，一个代表 PCA，最后一个代表 KNN 模型：

```
# 创建有一个主成分的 PCA 模块
single_pca = PCA(n_components=1)

# 创建有一个判别式的 LDA 模块
single_lda = LinearDiscriminantAnalysis(n_components=1)

# 实例化 KNN 模型
knn = KNeighborsClassifier(n_neighbors=3)
```

(3) 不用做任何转换，调用 KNN 模型，来取一个基线准确率。我们将用它来对比两个特征转换算法：

```
# 不用特征转换，用 KNN 进行交叉验证
knn_average = cross_val_score(knn, iris_X, iris_y).mean()

# 这是基线准确率。如果什么也不做，KNN 的准确率是 98%
knn_average
```

```
0.9803921568627452
```

(4) 要击败的基线准确率是 98.04%。我们用 LDA，只保留最好的线性判别式：

```
lda_pipeline = Pipeline([('lda', single_lda), ('knn', knn)])

lda_average = cross_val_score(lda_pipeline, iris_X, iris_y).mean()

# 比 PCA 好，比原始的差
lda_average
```

```
0.9673202614379085
```

(5) 看来一个线性判别式不够击败基线准确率。下面试试 PCA。我们的猜测是，PCA 不会优于 LDA，因为 PCA 不会像 LDA 那样优化类别可分性：

```
# 创建执行 PCA 的流水线
pca_pipeline = Pipeline([('pca', single_pca), ('knn', knn)])

pca_average = cross_val_score(pca_pipeline, iris_X, iris_y).mean()

pca_average
```

```
0.8941993464052288
```

毫无疑问，表现最差。

试试加一个 LDA 判别式是否有用：

```
# 试试有两个判别式的 LDA
lda_pipeline = Pipeline([('lda', LinearDiscriminantAnalysis(n_components=2)),
                         ('knn', knn)])

lda_average = cross_val_score(lda_pipeline, iris_X, iris_y).mean()

# 和原来的一样
lda_average
```

```
0.9803921568627452
```

用两个判别式就可以达到原始的准确率！不错，但是我们希望做得更好。看看上一章的特征选择模块是否有帮助。我们导入 SelectKBest 模块，看看统计特征选择能否让 LDA 模块做到最好：

```
# 用特征选择工具和特征转换工具做对比
from sklearn.feature_selection import SelectKBest
```

```
# 尝试所有的 k 值，但是不包括全部保留
for k in [1, 2, 3]:
    # 构建流水线
    select_pipeline = Pipeline([('select', SelectKBest(k=k)), ('knn', knn)])
    # 交叉验证流水线
    select_average = cross_val_score(select_pipeline, iris_X, iris_y).mean()
    print(k, "best feature has accuracy:", select_average)

1 best feature has accuracy: 0.9538398692810457
2 best feature has accuracy: 0.9607843137254902
3 best feature has accuracy: 0.9738562091503268
```

到目前为止，拥有两个判别式的 LDA 暂时领先。在生产中，联合使用有监督和无监督的特征转换是很常见的。我们设置一个 GridSearch 模块，找到下列参数的最佳组合：

❏ 缩放数据（用或不用均值/标准差）；

❏ PCA 主成分；

❏ LDA 判别式；

❏ KNN 邻居。

下面的代码会建立一个 get_best_model_and_accuracy 函数，向其传入一个模型（scikit-learn 或其他模型）、一个字典形式的参数网，以及 X 和 y 数据集，会输出网格搜索模块的结果。输出是模型的最佳表现（准确率）、获得最佳表现时的最好参数、平均拟合时间，以及平均预测时间：

```
def get_best_model_and_accuracy(model, params, X, y):
    grid = GridSearchCV(model,           # 网格搜索的模型
                        params,          # 试验的参数
                        error_score=0.)  # 如果出错，当作结果是 0
    grid.fit(X, y)                       # 拟合模型和参数
    # 传统的性能指标
    print("Best Accuracy: {}".format(grid.best_score_))
    # 最好参数
    print("Best Parameters: {}".format(grid.best_params_))
    # 平均拟合时间（秒）
    print("Average Time to Fit (s):
{}".format(round(grid.cv_results_['mean_fit_time'].mean(), 3)))
    # 平均预测时间（秒）
    # 显示模型在实时分析中的性能
    print("Average Time to Score (s):
{}".format(round(grid.cv_results_['mean_score_time'].mean(), 3)))
```

设置好接收模型和参数的函数后，我们可以组合使用缩放、PCA、LDA 和 KNN 对流水线进行测试了：

```
from sklearn.model_selection import GridSearchCV
iris_params = {
                'preprocessing__scale__with_std': [True, False],
                'preprocessing__scale__with_mean': [True, False],
```

6

```
                  'preprocessing__pca__n_components':[1, 2, 3, 4],

                  # 根据 scikit-learn 文档，LDA 的最大 n_components 是类别数减 1
                  'preprocessing__lda__n_components':[1, 2],

                  'clf__n_neighbors': range(1, 9)
                  }
# 更大的流水线
preprocessing = Pipeline([('scale', StandardScaler()),
                          ('pca', PCA()),
                          ('lda', LinearDiscriminantAnalysis())])


iris_pipeline = Pipeline(steps=[('preprocessing', preprocessing),
                                ('clf', KNeighborsClassifier())])

get_best_model_and_accuracy(iris_pipeline, iris_params, iris_X, iris_y)

Best Accuracy: 0.9866666666666667
Best Parameters: {'clf__n_neighbors': 3, 'preprocessing__lda__n_components': 2,
'preprocessing__pca__n_components': 3, 'preprocessing__scale__with_mean': True,
'preprocessing__scale__with_std': False}
Average Time to Fit (s): 0.002
Average Time to Score (s): 0.001
```

　　最好的准确率（接近 99%）结合了缩放、PCA 和 LDA。在流水线中结合使用这 3 种算法并且用超参数进行微调是很常见的。因此，在生产环境下，最好的机器学习流水线实际上是多种特征工程工具的组合。

## 6.5   小结

　　总结一下，PCA 和 LDA 都是特征转换工具，用于找出最优的新特征。LDA 特别为类别分离进行了优化，而 PCA 是无监督的，尝试用更少的特征表达方差。一般来说，这两个算法在流水线中会一同使用，像上面的例子那样。在最后一章中，我们会研究两个案例，在文本聚类和面部识别软件中利用 PCA 和 LDA。

　　PCA 和 LDA 都是很强大的工具，但也有局限性。这两个工具都是线性转换，所以只能创建线性的边界，表达数值型数据。它们也是静态转换。无论输入什么，LDA 和 PCA 的输出都是可预期的，而且是数学的。如果数据不适合 PCA 或 LDA（数据有非线性特征，例如是圆形的），那么无论我们怎么进行网格搜索，这些算法都不会有什么帮助。

　　下一章介绍特征学习算法。可以说，特征学习算法是最强大的特征工程算法。这些算法可以从输入的数据中学习新特征，不必像 PCA 或 LDA 那样对数据特性有所假设。我们还会使用包括神经网络在内的复杂结构，实现最高级别的特征工程。

# 第 7 章

# 特征学习：以 AI 促 AI

在探讨特征工程技术的最后一章中，我们研究目前最强大的一种工具。特征学习算法可以接收清洗后的数据（是的，还是需要一部分人力工作），通过数据的潜在结构创建全新的特征。听起来很熟悉？这是因为上一章也是这样定义特征转换的。这两类算法的差异在于创建新特征时的**参数假设**。

本章将包括如下主题：

❏ 数据的参数假设；
❏ 受限玻尔兹曼机（RBM，restricted Boltzmann machine）；
❏ 伯努利受限玻尔兹曼机（BernoulliRBM）；
❏ 从 MNIST 中提取 RBM 特征；
❏ 在机器学习流水线中应用 RBM；
❏ 学习文本特征——词向量。

## 7.1 数据的参数假设

**参数假设**是指算法对数据**形状**的基本假设。在上一章中当探索主成分分析（PCA）时，我们发现可以利用算法的结果产生主成分，通过矩阵乘法来转换数据。我们的假设是，原始数据的形状可以进行（特征值）分解，并且可以用单个线性变换（矩阵计算）表示。但如果不是这样呢？如果 PCA 不能从原始数据集中提取**有用**的特征，那该怎么办呢？PCA 和线性判别分析（LDA）这样的算法肯定能找到特征，但找到的特征不一定有用。此外，这些算法都基于预定的算式，每次肯定输出同样的特征。这也是我们将 PCA 和 LDA 都视为**线性变换**的原因。

特征学习算法希望可以去除这个参数假设，从而解决该问题。这些算法不会对输入数据的形状有任何假设，而是依赖于**随机学习**（stochastic learning）。意思是，这些算法并不是每次输出相同的结果，而是一次次按轮（epoch）检查数据点以找到要提取的最佳特征，并且拟合到一个解决方案（在运行时可能会有所不同）。

关于随机学习和随机梯度下降的更多信息，请参阅《数据科学原理》。

这样，特征学习算法可以绕过 PCA 和 LDA 等算法的参数假设，解决比之前更难的问题。这种复杂的想法（绕过参数假设）需要使用复杂的算法。很多数据科学家和机器学习流水线会使用**深度学习**算法，从原始数据中学习新特征。

我们假设读者已经对神经网络架构有基本的了解，以便专注地利用这些架构进行特征学习。下表总结了特征学习和特征转换的基本区别。

|        | 需要参数 | 使用简单 | 创建新特征 | 深度学习 |
| --- | --- | --- | --- | --- |
| 特征转换算法 | 是 | 是 | 是 | 否 |
| 特征学习算法 | 否 | 一般否 | 是 | 一般是 |

事实上，特征学习和特征转换算法都创造了新的特征集，意思是我们认为这两类算法都属于**特征提取**。下图显示了这种关系。

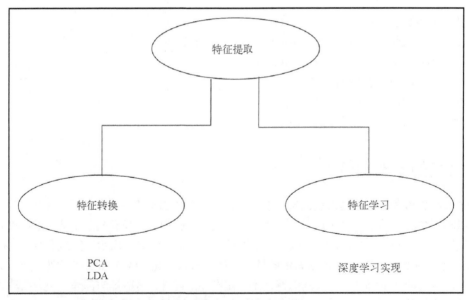

特征提取是特征学习和特征转换的超集。两类算法都尝试提取数据的潜在结构，
将原始数据转换为新的特征集

**特征学习**和**特征转换**都属于特征提取，因为这两类算法都尝试从原始数据的潜在结构创建新的特征集。然而，这两类算法的工作原理截然不同。

### 7.1.1 非参数谬误

需要注意的是，非参数模型不代表模型在训练中对数据完全没有假设。

虽然本章介绍的算法不需要对数据形状做出假设，但是依然可以对数据的其他方面进行假设，例如单元格的值等。

### 7.1.2 本章的算法

本章中我们重点关注以下两个特征学习领域。

❏ **受限玻尔兹曼机（RBM）**：一种简单的深度学习架构，根据数据的概率模型学习一定数量的新特征。这些机器其实是一系列算法，但 scikit-learn 中只实现了一种。BernoulliRBM 可以作为非参数特征学习器，但是顾名思义，这个算法对单元格有一些假设。
❏ **词嵌入**：可以说是深度学习在自然语言处理/理解/生成领域最近进展的主要推动者之一。词嵌入可以将字符串（单词或短语）投影到 $n$ 维特征集中，以便理解上下文和措辞的细节。我们用 Python 的 gensim 包准备词嵌入，然后借助预训练过的词嵌入来研究它能如何增强我们与文本的交互能力。

这些例子有一些共同点：都涉及从原始数据中学习新特征，然后利用这些新特征加强与数据交互的方式。对于后两个例子，我们需要放弃 scikit-learn，因为这些高级技术在 scikit-learn 中尚未提供。

对于所有的技术，我们都不会太关注低层的原理，而是更关注这些算法如何解释数据。我们按顺序开始介绍，首先是唯一有 scikit-learn 实现的算法——受限玻尔兹曼机系列。

## 7.2 受限玻尔兹曼机

RBM 是一组无监督的特征学习算法，使用概率模型学习新特征。与 PCA 和 LDA 一样，我们可以使用 RBM 从原始数据中提取新的特征集，用于增强机器学习流水线。在 RBM 提取特征之后使用线性模型（线性回归、逻辑回归、感知机等）往往效果最佳。

RBM 的无监督性质很重要，所以它和 PCA 的相似性高于和 LDA 的相似性。RBM 和 PCA 算法在提取新特征时都不需要真实值，可以用于更多的机器学习问题。

在概念上说，RBM 是一个浅层（两层）的神经网络，属于**深度信念网络**（DBN，deep belief network）算法的一种。用标准的术语讲，这个网络有一个可见层（第一层），后面是一个隐藏层（第二层）。下图展示了网络中仅有的两层。

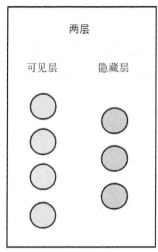

受限玻尔兹曼机的结构，
圆圈代表图中的节点

和其他的神经网络一样，这两层中都有节点。网络可见层的节点数和输入数据的特征维数相同。在下面的例子中，我们的图像是 28 × 28 的，也就是说输入层有 784 个节点。隐藏层的节点数是人为选取的，代表我们想学习的特征数。

## 7.2.1　不一定降维

PCA 和 LDA 对可以提取的特征数量有严格的限制。对于 PCA，我们受限于原始特征的数量（只能使用等于或小于原始特征数的输出），而 LDA 的要求更加严格，只能输出类别的数量减 1。

RBM 可以学习的特征数量只受限于计算机的计算能力，以及人为的解释。RBM 可以学习到比初始输入更少或**更多**的特征。具体要学习的特征数量取决于要解决的问题，可以进行网格搜索。

## 7.2.2　受限玻尔兹曼机的图

目前，我们已经看到了 RBM 的可见层和隐藏层，但是还不清楚 RBM 如何学习特征。每个可见层的节点从要学习的数据集中取一个特征。然后，数据通过权重和偏差，从可见层传递到隐藏层：

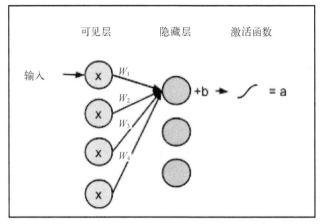

对RBM的可视化显示了单个数据点如何通过RBM的单个隐藏节点

对 RBM 的可视化显示了单个数据点如何通过图——通过单个隐藏节点。可见层有 4 个节点，代表原始数据的 4 列。每个箭头代表数据点的一个特征，从 RBM 第一层的 4 个可见节点中穿过。然后，每个特征和相关的权重相乘，并求和。该计算也可以用数据的输入向量和权重向量的点积表示。最终的加权结果会加上一个偏差变量，并通过激活函数（一般使用 S 形函数）。结果储存在名称为 a 的变量中。

下面的 Python 代码显示了单个数据点（inputs）如何与权重向量相乘并与偏差向量结合，以创建激活变量 a：

```python
import numpy as np
import math

# S形函数
def activation(x):
    return 1 / (1 + math.exp(-x))

inputs = np.array([1, 2, 3, 4])
weights = np.array([0.2, 0.324, 0.1, .001])
bias = 1.5

a = activation(np.dot(inputs.T, weights) + bias)

print(a)

0.9341341524806636
```

在真实的 RBM 中，每个可见节点都和所有的隐藏节点相连接，如下图所示。

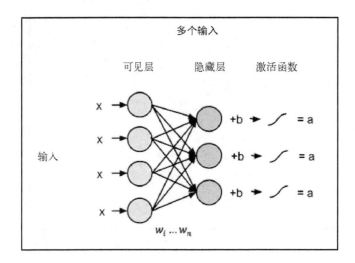

因为来自每个可见节点的输入会传递到所有的隐藏节点，所以 RBM 也可以被定义为**对称的二分图**。对称是因为可见节点都和所有的隐藏节点相连接。二分图表示有两个部分（两层）。

### 7.2.3   玻尔兹曼机的限制

通过上图，我们看见了层与层之间的连接（层间连接），但是没有看见同一层内节点的连接（层内连接）。这是因为没有这种连接。RBM 的限制是，不允许任何层内通信。这样，节点可以独立地创造权重和偏差，最终成为（希望是）独立的特征。

### 7.2.4   数据重建

在网络的前向传导中，我们看见数据可以向前通过网络（从可见层到隐藏层），但是这并不能解释为什么 RBM 可以不依赖真实值而学习新特征。RBM 的学习来自于可见层和隐藏层间的多重前后向传导。

在重建阶段，我们调转网络，把隐藏层变成输入层，用相同的权重将激活变量（a）反向传递到可见层，但是偏差不同。然后，用前向传导的激活变量重建原始输入向量。下图显示了如何使用相同的权重和不同的偏差，通过网络进行反向激活。

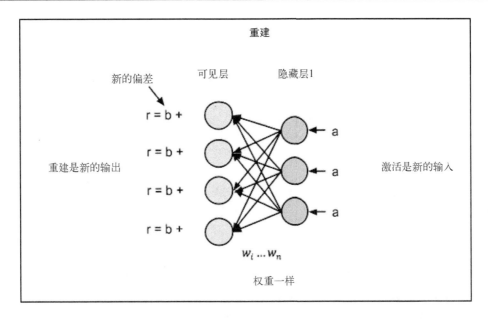

RBM 用这种方式进行自我评估。通过将激活信息进行后向传导并获取原始输入的近似值，该网络可以调整权重，让近似值更接近原始输入。在训练开始时，由于权重是随机初始化的（标准做法），近似值有可能相差很大。然后，通过反向传播（和前向传导的方向相同，的确很绕）调整权重，最小化原始输入和近似值的距离。我们重复这个过程，直到近似值尽可能接近原始的输入。这个过程发生的次数叫作**迭代次数**。

这个过程的最终结果是一个网络，其中有每个数据点的**第二自我**。要转换数据，我们只需要将数据传入该网络，并计算激活变量，输出结果就是新的特征。这个过程是一种**生成性学习**，试图学习一种可以生成原始数据的概率分布，并且利用知识来提取原始数据的新特征集。

例如，给定一个数字（0~9）的图片，并要求按数字进行分类。这个网络的前向传导会问：给定这些像素，应该是什么数字？后向传导时，网络会问：给定一个数字，应该出现哪些像素？这称为**联合概率**，即"给定 $x$ 时有 $y$"和"给定 $y$ 时有 $x$"共同发生的概率，也是网络两个层的共享权重。

下面介绍一下新的数据集，它会展示 RBM 在特征学习中的作用。

## 7.2.5　MNIST 数据集

MNIST 数据集包括 6000 个 0~9 的手写数字图像，以及可以从中学习的真实值。它和之前的大部分数据集没什么区别，我们都希望用机器学习模型对给定数据点的响应变量进行分类。主要区别是，此处使用很低级的特征，而不是解释性很好的特征。每个数据点包括 784 个特征（灰度图像的像素值）。

(1) 先导入包：

```
# 导入 NumPy 和 Matplotlib
import numpy as np
import matplotlib.pyplot as plt
%matplotlib inline

from sklearn import linear_model, datasets, metrics
# scikit-learn 的 RBM
from sklearn.neural_network import BernoulliRBM
from sklearn.pipeline import Pipeline
```

(2) 我们导入了 BernoulliRBM，这也是 scikit-learn 中目前唯一的 RBM 实现。顾名思义，我们需要进行一点预处理，保证数据符合算法所需的假设。我们把数据集导入一个 NumPy 数组：

```
# 从 CSV 中创建 NumPy 数组
images = np.genfromtxt('mnist_train.csv', delimiter=',')
```

(3) 确认一下数据的行列数：

```
# 6000 个图像和 785 列，28 像素 × 28 像素 + 1 个响应变量
images.shape

(6000, 785)
```

(4) 785 由 784 像素加上一个响应变量（第一列）组成。除了响应变量，每列的范围都是 0 ~ 255，表示像素强度：0 代表白色背景，255 代表全黑的像素。我们可以将第一列和其他列分开，提取 X 和 y 变量：

```
# 提取 X 和 y 变量
images_X, images_y = images[:,1:], images[:,0]

# 值很大，但是 scikit-learn 的 RBM 会进行 0 ~ 1 的缩放
np.min(images_X), np.max(images_X)
```

(5) 可以看看第一个图像，了解一下要处理的数据：

```
plt.imshow(images_X[0].reshape(28, 28), cmap=plt.cm.gray_r)

images_y[0]
```

绘制结果如下图所示。

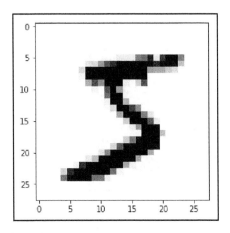

看起来不错。因为 scikit-learn 的 RBM 实现需要 0～1 的值，所以需要一些预处理。

## 7.3　伯努利受限玻尔兹曼机

scikit-learn 中唯一的 RBM 实现是 BernoulliRBM，因为它对原始数据的范围进行了约束。伯努利分布要求数据的值为 0～1。scikit-learn 的文档称，该模型假定输入是二进制的值，或者是 **0～1 的数**。这个限制是为了表示节点的值就是节点被激活的概率，从而可以更快地学习特征集。为了进行解释，我们修改一下原始数据集，只考虑硬编码的黑白像素强度。这样，每个像素的值会变成 0 或 1（白或黑），让学习更加稳健。我们分两步完成：

(1) 将像素的值缩放到 0～1；
(2) 如果超过 0.5，将值变成真，否则为假。

先对像素值进行 0～1 的标准化：

```
# 把 images_X 缩放到 0~1
images_X = images_X / 255.
```

```
# 二分像素（白或黑）
images_X = (images_X > 0.5).astype(float)
```

```
np.min(images_X), np.max(images_X)
```

还是先看一下改变后的数字 5：

```
plt.imshow(images_X[0].reshape(28, 28), cmap=plt.cm.gray_r)
```

```
images_y[0]
```

图片如下所示。

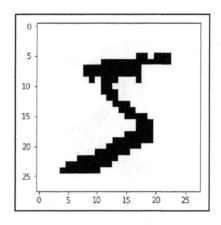

可以看见，图像中的模糊消失了，要分类的数字很清晰。现在我们开始从数字数据集中提取特征。

## 7.3.1　从 MNIST 中提取 PCA 主成分

在引入 RBM 前，先看看对数据集应用 PCA 时会如何。像上一章那样，我们使用特征（784 个黑或白的像素），并对矩阵进行特征值分解，从数据集中提取特征数字（eigendigit）。

从 784 个主成分中提取 100 个并绘制出来，查看一下外观。我们导入 PCA 库，拟合 100 个主成分，并且创建一个 Matplotlib 图像，显示前 100 个主成分：

```python
# 导入 PCA 模块
from sklearn.decomposition import PCA

# 100 个特征数字
pca = PCA(n_components=100)
pca.fit(images_X)

# 绘制 100 个主成分
plt.figure(figsize=(10, 10))
for i, comp in enumerate(pca.components_):
    plt.subplot(10, 10, i + 1)
    plt.imshow(comp.reshape((28, 28)), cmap=plt.cm.gray_r)
    plt.xticks(())
    plt.yticks(())
plt.suptitle('100 components extracted by PCA')

plt.show()
```

代码的输出如下图所示。

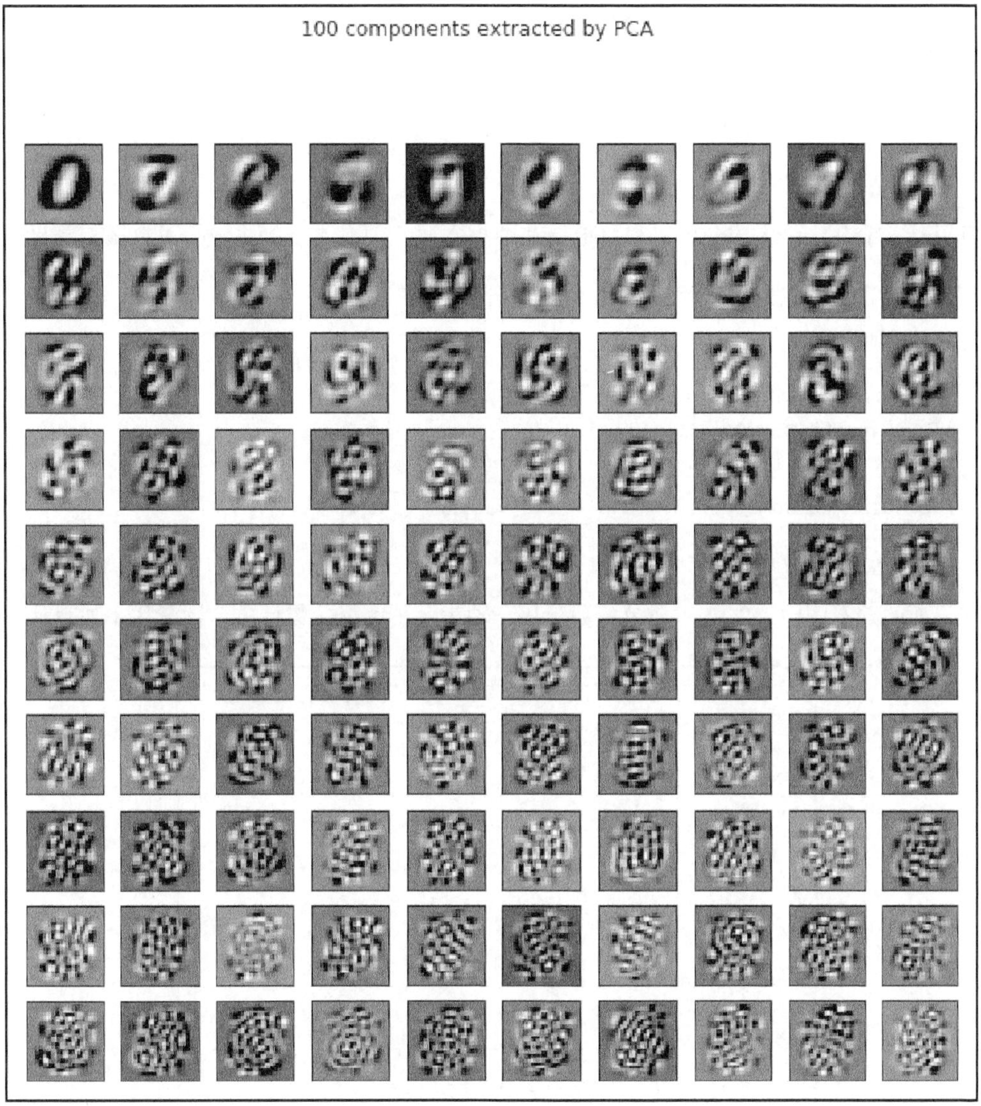

100 components extracted by PCA

上图显示了当协方差矩阵被缩放成原始图像的尺寸时，特征值的样子。这个例子表示了对图像数据集运用算法时提取的主成分。查看 PCA 主成分从图像数据集获取线性变换的方式很有趣。每个主成分都试图理解图像的某个"方面"，这些方面可以转换为可解释的知识。例如，第一个（也是最重要的）特征图像有可能捕捉数字 0，或者说，数字看起来是不是像 0。

很明显，前 10 个主成分似乎保留了一点数字的形状，之后图像好像没什么意义了。最后，我们看到的好像只是黑白像素随机混合的结果。这有可能是因为，PCA（和 LDA）是参数变换，从图像等复杂数据集（如图像）中提取信息的能力有限。

如果进一步探讨，可以看到前 30 个主成分解释的方差可以捕捉大部分信息：

```
# 前 30 个主成分捕捉 64% 的信息

pca.explained_variance_ratio_[:30].sum()

0.6374141378676752
```

意思是，前几十个主成分可以很好地捕获数据本质，但是之后的主成分不会很有帮助。

下面的碎石图可以进一步展示 PCA 的主成分如何捕获方差：

```
# 碎石图

# 所有的特征数字
full_pca = PCA(n_components=784)
full_pca.fit(images_X)

plt.plot(np.cumsum(full_pca.explained_variance_ratio_))

# 100 个主成分捕获约 90% 的方差
```

在下面的碎石图中，PCA 主成分的数量用 $x$ 轴表示，解释的累计方差数量用 $y$ 轴表示。

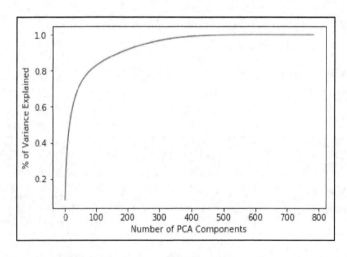

上一章中说到，PCA 的转换是通过一个线性矩阵操作完成的——将 PCA 模块的主成分属性和数据相乘。我们可以取与 100 个特征拟合的 scikit-learn 的 PCA 对象，对单个 MNIST 图像进行转换，以便再次展示这一点。我们将转换后的图像与原始图像乘以 PCA 模块 components_ 属性的结果进行比较：

```
# 用拟合过的 PCA 对象对第一个图像进行转换，提取 100 个新特征
pca.transform(images_X[:1])

# 然后是矩阵乘法
```

```
np.dot(images_X[:1]-images_X.mean(axis=0), pca.components_.T)
```

```
array([[ 0.61090568, 1.36377972, 0.42170385, -2.19662828, -0.45181077, -1.320495 ,
0.79434677, 0.30551126, 1.22978985, -0.72096767, ...
```

```
array([[ 0.61090568, 1.36377972, 0.42170385, -2.19662828, -0.45181077, -1.320495 ,
0.79434677, 0.30551126, 1.22978985, -0.72096767,
```

## 7.3.2　从 MNIST 中提取 RBM 特征

现在在 scikit-learn 中创建第一个 RBM 对象。我们先实例化一个模块，从 MNIST 数据集中提取 100 个特征。

我们将 verbose 参数设置为 True，以查看训练过程，并且将 random_state 设置为 0。参数 random_state 是一个整数，可以复现训练结果。它会固定随机数生成器，每次都同时随机设置权重和偏差。最后将迭代次数 n_iter 设置为 20，也就是我们希望网络进行的前后向传导次数：

```
# 实例化 BernoulliRBM
# 设置 random_state，初始化权重和偏差
# verbose 是 True，观看训练
# n_iter 是前后向传导次数
# n_components 与 PCA 和 LDA 一样，代表我们希望创建的特征数
# n_components 可以是任意整数，小于、等于或大于原始特征数均可

rbm = BernoulliRBM(random_state=0, verbose=True, n_iter=20, n_components=100)

rbm.fit(images_X)

[BernoulliRBM] Iteration 1, pseudo-likelihood = -138.59, time = 0.80s
 [BernoulliRBM] Iteration 2, pseudo-likelihood = -120.25, time = 0.85s [BernoulliRBM]
Iteration 3, pseudo-likelihood = -116.46, time = 0.85s ... [BernoulliRBM] Iteration
18, pseudo-likelihood = -101.90, time = 0.96s [BernoulliRBM] Iteration 19,
pseudo-likelihood = -109.99, time = 0.89s [BernoulliRBM] Iteration 20,
pseudo-likelihood = -103.00, time = 0.89s
```

训练完成后，就可以查看结果了。RBM 和 PCA 一样有 components_属性：

```
# RBM 也有 components_
len(rbm.components_)
```

```
100
```

也可以对 RBM 特征进行可视化，查看它和特征数字的区别：

```
# 绘制 RBM 特征（新特征集的表示）
plt.figure(figsize=(10, 10))
for i, comp in enumerate(rbm.components_):
    plt.subplot(10, 10, i + 1)
    plt.imshow(comp.reshape((28, 28)), cmap=plt.cm.gray_r)
```

```
    plt.xticks(())
    plt.yticks(())
plt.suptitle('100 components extracted by RBM')

plt.show()
```

输出如下图所示。

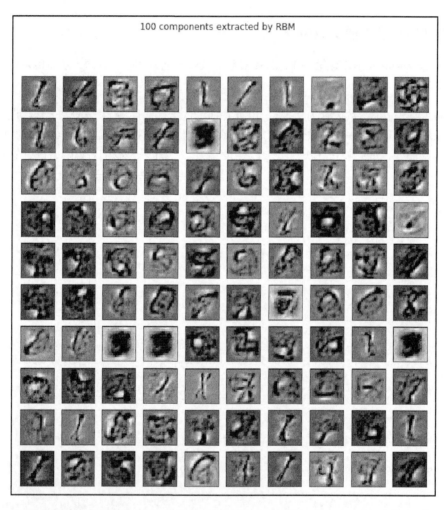

这些特征看起来很有意思。PCA 的主成分会很快变得扭曲，但是 RBM 特征好像在提取不同的形状和笔划。乍一看，好像有些特征是重复的（例如第 15、63、64 和 70 个特征）。我们可以快速进行一次 NumPy 检查，看看是不是真的有重复的特征，还是这些特征只是特别相似。

下面的代码会检查 rbm.components_ 的独立值数量。如果结果是 100，就代表 RBM 的每个特征其实都不同：

```
# 好像有些特征一样
# 但是其实所有的特征都不一样 (虽然有的很类似)
np.unique(rbm.components_.mean(axis=1)).shape
```

```
(100,)
```

所有的特征都是唯一的。我们可以用 PCA 的那种方式, 用 RBM 的 transform 方法转换数据:

```
# 用玻尔兹曼机转换数字 5
image_new_features = rbm.transform(images_X[:1]).reshape(100,)

image_new_features
```

```
 array([ 2.50169424e-16, 7.19295737e-16, 2.45862898e-09, 4.48783657e-01,
1.64530318e-16, 5.96184335e-15, 4.60051698e-20, 1.78646959e-08, 2.78104276e-23, ...
```

可以看见, 这些特征的使用方式和 PCA 中有所不同, 所以简单的矩阵乘法不会像调用 transform 方法那样产生相同的转换:

```
# 不是简单的矩阵乘法了
# 使用神经网络架构 (几个矩阵操作) 来转换特征
np.dot(images_X[:1]-images_X.mean(axis=0), rbm.components_.T)
```

```
 array([[ -3.60557365, -10.30403384, -6.94375031, 14.10772267, -6.68343281,
-5.72754674, -7.26618457, -26.32300164, ...
```

现在我们有 100 个新特征, 而且进行了观察。下面就在数据上应用特征。

从第一个图像 (数字 5) 中提取 20 个最有代表性的特征:

```
# 最有代表性的特征
top_features = image_new_features.argsort()[-20:][::-1]

print(top_features)
image_new_features[top_features]
```

```
[63 62 69 14 34 56 83 21 29 82 28 92 41 15 49 66 30 79 77 94]
array([1.          , 1.          , 1.          , 1.          , 1.          ,
       1.          , 1.          , 0.99999999, 0.99999956, 0.99999315,
       0.9999786 , 0.99987813, 0.99977524, 0.99917175, 0.98776495,
       0.97600556, 0.97446621, 0.94470164, 0.93149911, 0.4948913 ])
```

本例中有 7 个特征, 可以达到 100%的 RBM。在图中, 这意味着将 784 像素传入可见层, 完全点亮了节点 56、63、62、14、69、83 和 82。我们隔离这些特征:

```
# 绘制最有代表性的 RBM 特征 (新特征集的表示)
plt.figure(figsize=(25, 25))
for i, comp in enumerate(top_features):
    plt.subplot(5, 4, i + 1)
    plt.imshow(rbm.components_[comp].reshape((28, 28)), cmap=plt.cm.gray_r)
    plt.title("Component {}, feature value: {}".format(comp, round(image_
```

```
new_features[comp], 2)), fontsize=20)
plt.suptitle('Top 20 components extracted by RBM for first digit', fontsize=30)
```

输出如下图所示。

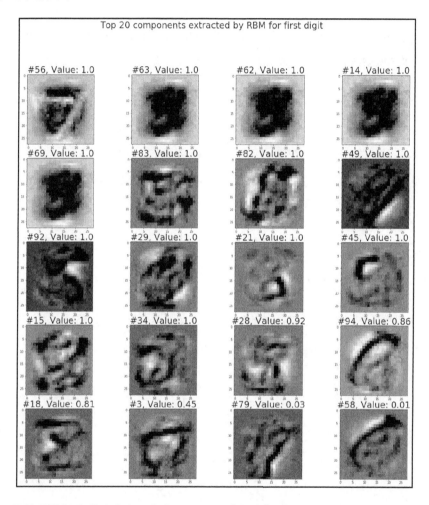

这里面的某些特征十分有意义。例如，#45 好像隔离了数字 5 的左上角，而#21 隔离了底部的圆圈。#82 和#34 好像直接识别出了数字 5。我们看看数字 5 最差的 20 个特征是什么样的：

```
# 最差的特征
bottom_features = image_new_features.argsort()[:20]

plt.figure(figsize=(25, 25))
for i, comp in enumerate(bottom_features):
    plt.subplot(5, 4, i + 1)
    plt.imshow(rbm.components_[comp].reshape((28, 28)), cmap=plt.cm.gray_r)
    plt.title("Component {}, feature value: {}".format(comp, round(image_
```

```
new_features[comp], 2)), fontsize=20)
plt.suptitle('Bottom 20 components extracted by RBM for first digit', fontsize=30)

plt.show()
```

输出如下图所示。

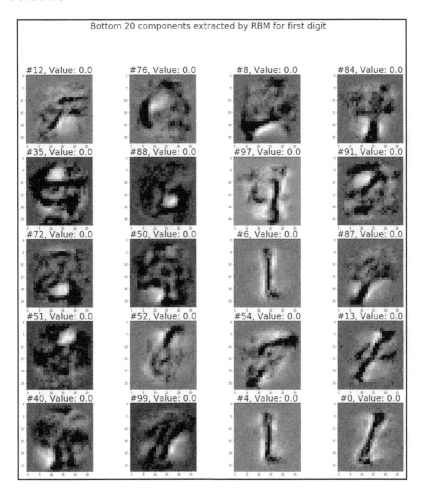

#13、#4 和 #97 等好像是别的数字，而不是 5。这些特征没有效果是有道理的。

## 7.4　在机器学习流水线中应用 RBM

当然了，我们不仅希望可视化 RBM，并且希望在机器学习流水线中应用它，还希望看见特征学习的具体结果。因此，要创建并运行三条流水线：

❑ 原始像素强度上的逻辑回归模型；
❑ PCA 主成分上的逻辑回归；
❑ RBM 特征上的逻辑回归。

每条流水线都会对（PCA 和 RBM 的）多个特征和参数 C 进行网格搜索，以进行逻辑回归。我们从最简单的流水线入手，在原始数据上运行逻辑回归，看看线性模型能否区分数字。

## 7.4.1    对原始像素值应用线性模型

首先，在原始像素上运行逻辑回归，获取一个基线模型。我们想看看，PCA 和 RBM 能否让同一个线性分类器表现得更好（或更差）。如果我们发现提取的特征性能更好（就线性模型的准确率而言），那么就可以确定，特征工程对流水线有正面作用。

首先实例化模块：

```
# 导入逻辑回归和网格搜索模块

from sklearn.linear_model import LogisticRegression
from sklearn.model_selection import GridSearchCV

# 创建逻辑回归
lr = LogisticRegression()
params = {'C':[1e-2, 1e-1, 1e0, 1e1, 1e2]}

# 实例化网格搜索类
grid = GridSearchCV(lr, params)
```

然后就可以在原始图像数据上进行拟合了。这样可以大体知道，原始数据在机器学习流水线中的效果如何：

```
# 拟合数据
grid.fit(images_X, images_y)

# 最佳参数
grid.best_params_, grid.best_score_

({'C': 0.1}, 0.8908333333333334)
```

逻辑回归本身的效果就很好，用原始数据就达到了 89.08% 的交叉验证准确率。

## 7.4.2    对提取的 PCA 主成分应用线性模型

我们看看加入 PCA 后能不能提高准确率。首先设置变量。这次需要创建一个 scikit-learn 流水线对象，用于容纳 PCA 模块和线性模型。保持线性分类器的参数不变，寻找 PCA 的新参数，看看 10、100 和 200 个主成分哪个最好。试着花时间猜一下结果（提示：想想碎石图中的方差）：

```
# 用 PCA 提取特征

lr = LogisticRegression()
pca = PCA()

# 设置流水线的参数
params = {'clf__C':[1e-1, 1e0, 1e1],
          'pca__n_components': [10, 100, 200]}

# 创建流水线
pipeline = Pipeline([('pca', pca), ('clf', lr)])

# 实例化网格搜索类
grid = GridSearchCV(pipeline, params)
```

现在可以在原始图像数据上拟合 `gridsearch` 对象了。注意，流水线会自动从原始像素数据中提取特征，并进行转换：

```
# 拟合数据
grid.fit(images_X, images_y)

# 最佳参数
grid.best_params_, grid.best_score_

({'clf__C': 10.0, 'pca__n_components': 100}, 0.8876666666666667)
```

结果是 **88.77% 的交叉验证准确率**，稍差一点。如果进行了思考，那么 100 比 10 和 200 表现更好并不令人惊讶。在上一节的碎石图中，30 个主成分解释了 64% 的变化，所以 10 个主成分肯定不足以解释图像。在 100 个主成分后，碎石图开始变平，代表在第 100 个主成分后，解释的方差没有增加太多。因此 200 个主成分太多了，会导致过拟合。综上所述，100 个 PCA 主成分是最佳数量。需要注意，我们可以进一步尝试调整超参，寻找更好的 PCA 主成分数量。不过目前到此为止，接下来使用 RBM 特征。

## 7.4.3　对提取的 RBM 特征应用线性模型

最好的 PCA 也不能在准确率上打败逻辑回归。我们看看 RBM 的表现如何。在流水线中保持逻辑回归的参数相同，还是从 10、100 和 200 中寻找最佳的特征数（和 PCA 流水线一致）。注意，我们可以尝试查找超过原始像素数的特征数（超过 784），但是这里不进行试验。

还是先设定变量：

```
# 用 RBM 学习新特征

rbm = BernoulliRBM(random_state=0)

# 设置流水线的参数
params = {'clf__C':[1e-1, 1e0, 1e1],
          'rbm__n_components': [100, 200]
          }
```

7

```
# 创建流水线
pipeline = Pipeline([('rbm', rbm), ('clf', lr)])

# 实例化网格搜索类
grid = GridSearchCV(pipeline, params)
```

在原始数据上进行网格搜索，显示最佳的特征数：

```
# 拟合数据
grid.fit(images_X, images_y)

# 最佳参数
grid.best_params_, grid.best_score_

({'clf__C': 1.0, 'rbm__n_components': 200}, 0.9156666666666666)
```

RBM模块的**交叉验证准确率是91.57%**，能从数字中提取 200 个新特征。除了引入 `BernoulliRBM` 模块外，不进行任何操作就可以增加近 2.5% 的准确率。（很多了！）

> 最佳特征数是 200 表示我们可以试着提取超过 200 个特征，获得更好的性能。你可以把这当作一个练习。

上面的例子证明了，面对非常复杂的任务（例如图像识别、音频处理和自然语言处理），特征学习算法很有效。这些大数据集有很多隐藏的特征，难以通过线性变换（如 PCA 或 LDA）提取，但是非参数算法（如 RBM）可以。

## 7.5　学习文本特征：词向量

解决图像问题后，第二个特征学习的例子是文本和自然语言处理。当机器学习读写时，会遇到一个很大的问题，那就是上下文的处理。在前面的章节中，我们可以计算每个文档中单词出现的次数，从而对文档进行向量化处理，并将向量输入机器学习流水线中。通过构建基于数量计算的特征，我们可以在有监督的机器学习流水线中使用文本。这个办法比较有效，但是有一个问题。我们仅仅是按**词袋**（BOW，bag of words）理解文本。这意味着我们只是把文档看作一组无序的单词。

更重要的是，每个单词自身都没有意义。在使用 `CountVectorizer` 和 `TfidfVectorizer` 时，文档只是单词的集合而已。因此，我们将注意力从 scikit-learn 转移到一个叫 `gensim` 的包上，计算词嵌入。

### 7.5.1　词嵌入

到目前为止，我们可以通过将文档（推文、评论、URL 等）拆分为一定数量的词项（单词和 n-gram 等）并将词项作为特征，用 scikit-learn 将文档转换为向量形式。假设有 1583 个文档，用 CountVectorizer 学习前 1000 个词项，且 ngram_range 是 1 ~ 5，那么会得到一个 1583 × 1000 的矩阵，其中每行代表一个文档，每列代表文档的 n-gram 信息。我们能不能进行更深一步的理解呢？如何让机器找出单词在上下文中的**含义**？

举个例子，如果我们问以下问题，答案可能如下所示。

Q：对于一个国王，如果将性别从男改为女，会得到什么？
**A：女王**
Q：伦敦之于英国相当于巴黎之于？
**A：法国**

作为人类，你会觉得这些问题很简单，但是机器如何在不知道单词在上下文中的含义时做出解答呢？实际上，这就是我们在**自然语言处理**任务中面临的最大挑战之一。

词嵌入是帮助机器理解上下文的一种方法。**词嵌入**是单词在 $n$ 维特征空间中的向量化，其中 $n$ 代表单词潜在特征的数量。意思是，词汇表中的每个单词不只是字符串，也是向量。例如，我们提取每个单词的 $n = 5$ 个特征，那么词汇表中的每个单词都会变成 $1 \times 5$ 的向量。向量化的结果有可能是这样的：

```
# 词嵌入的例子
king = np.array([.2, -.5, .7, .2, -.9])
man = np.array([-.5, .2, -.2, .3, 0.])
woman = np.array([.7, -.3, .3, .6, .1])

queen = np.array([ 1.4, -1. , 1.2, 0.5, -0.8])
```

向量化后，我们就可以解决这样的问题：对于一个国王，如果将性别从男改为女，会得到什么？操作如下：

$$国王 - 男 + 女$$

代码是：

```
np.array_equal((king - man + woman), queen)

True
```

看起来很简单，但是有几个注意事项：

❑ 上下文（形式为词嵌入）随语料库的变化而不同，单词的含义也是一样，所以静态的词嵌入不一定是最有用的；
❑ 词嵌入依赖于要学习的语料库。

通过词嵌入，我们可以对单个单词进行很精确的计算，以实现在上下文中的理解。

**7**

## 7.5.2    两种词嵌入方法：Word2vec 和 GloVe

词嵌入主要有两种算法，分别是 Word2vec 和 GloVe。二者都通过学习大型语料库（文本文档的集合）来产生词嵌入，主要的区别在于（出自斯坦福大学的）GloVe 算法通过一系列矩阵统计进行学习，而（出自 Google 的）Word2vec 通过深度学习进行学习。这两种方法各有优缺点，本书主要使用 Word2vec 算法学习词嵌入。

## 7.5.3    Word2vec：另一个浅层神经网络

为了学习和提取词嵌入，Word2vec 会实现另一个浅层神经网络。这次我们不是一股脑地将数据输入可见层，而是故意输入正确的数据，以提供正确的词嵌入。大致来讲，可以想象该神经网络具有下图所示的架构。

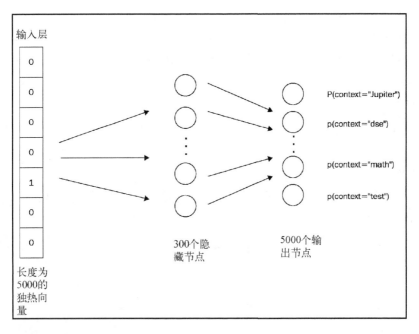

和 RBM 一样，我们有一个可见的输入层和一个隐藏层。输入层和希望学习的词汇长度相同。如果语料库有几百万词，但是我们只需要学习其中一小部分，那么这种设定很有用。在上图中，我们希望学习 5000 个单词的上下文。图中的隐藏层代表对于每个单词要学习的特征数。本例要将词嵌入 300 维的空间中。

这个神经网络和之前 RBM 神经网络的主要区别在于存在输出层。注意，图中输出层和输入层的节点数量一样。这不是巧合。词嵌入模型通过参考词的存在与否，**预测**相邻的单词。例如，如果要预测"微积分"一词，那么我们希望 math 节点点亮最多。这基本上是监督学习算法的大致想法。

然后，我们在这个结构上训练，通过传入单词的独热向量，提取隐藏层的输出向量并将其作为潜在结构，最终学习 300 维的单词表示。在生产中，因为输出节点非常多，所以上图结构的效率极低。为了加速运算，我们使用不同的损失函数来利用文本的结构特征。

## 7.5.4　创建 Word2vec 词嵌入的 gensim 包

我们不会写一个完整的词嵌入神经网络，而是用名为 gensim 的 Python 包帮我们完成工作：

```
# 导入 gensim 包
import gensim
```

gensim 可以在文本语料库上运行前面的神经网络，只需要几行代码就可以获得词嵌入。我们导入一个标准语料库来看看效果。先在笔记本上设置一个日志记录器，以便查看详细训练过程：

```
import logging

logging.basicConfig(format='%(asctime)s : %(levelname)s : %(message)s',
level=logging.INFO)
```

然后创建语料库：

```
from gensim.models import word2vec, Word2vec

sentences = word2vec.Text8Corpus('../data/text8')
```

注意 word2vec，这是计算词嵌入的特定算法，也是 gensim 的主要算法，是词嵌入的标准之一。

gensim 需要可迭代对象（列表、生成器、元组等），里面是切分好的句子。设置好这个变量后，就可以让 gensim 开展学习工作了：

```
# 实例化 gensim 模块
# min-count 忽略出现次数小于该值的单词
# size 是要学习的单词维数
model = gensim.models.Word2vec(sentences, min_count=1, size=20)

 2017-12-29 16:43:25,133 : INFO : collecting all words and their counts
 2017-12-29 16:43:25,136 : INFO : PROGRESS: at sentence #0, processed 0 words, keeping
0 word types
 2017-12-29 16:43:31,074 : INFO : collected 253854 word types from a corpus of 17005207
raw words and 1701 sentences
 2017-12-29 16:43:31,075 : INFO : Loading a fresh vocabulary
 2017-12-29 16:43:31,990 : INFO : min_count=1 retains 253854 unique words (100% of
original 253854, drops 0)
 2017-12-29 16:43:31,991 : INFO : min_count=1 leaves 17005207 word corpus (100% of
original 17005207, drops 0)
 2017-12-29 16:43:32,668 : INFO : deleting the raw counts dictionary of 253854 items
```

```
2017-12-29 16:43:32,676 : INFO : sample=0.001 downsamples 36 most-common words
2017-12-29 16:43:32,678 : INFO : downsampling leaves estimated 12819131 word corpus
(75.4% of prior 17005207)
2017-12-29 16:43:32,679 : INFO : estimated required memory for 253854 words and 20
dimensions: 167543640 bytes
2017-12-29 16:43:33,431 : INFO : resetting layer weights
2017-12-29 16:43:36,097 : INFO : training model with 3 workers on 253854 vocabulary
and 20 features, using sg=0 hs=0 sample=0.001 negative=5 window=5
2017-12-29 16:43:37,102 : INFO : PROGRESS: at 1.32% examples, 837067 words/s, in_qsize
5, out_qsize 0
2017-12-29 16:43:38,107 : INFO : PROGRESS: at 2.61% examples, 828701 words/s,
... 2017-12-29 16:44:53,508 : INFO : PROGRESS: at 98.21% examples, 813353 words/s,
in_qsize 6, out_qsize 0 2017-12-29 16:44:54,513 : INFO : PROGRESS: at 99.58% examples,
813962 words/s, in_qsize 4, out_qsize 0
... 2017-12-29 16:44:54,829 : INFO : training on 85026035 raw words (64096185 effective
words) took 78.7s, 814121 effective words/s
```

学习好了。如果语料库很大，有可能会需要很长时间。现在 gensim 的拟合已经完成，可供使用。我们可以将单个单词传入 word2vec 对象，查看词嵌入：

```
# 单个单词的嵌入
model.wv['king']
```

```
array([-0.48768288, 0.66667134, 2.33743191, 2.71835423, 4.17330408, 2.30985498,
1.92848825, 1.43448424, 3.91518641, -0.01281452, 3.82612252, 0.60087812, 6.15167284,
4.70150518, -1.65476751, 4.85853577, 3.45778084, 5.02583361, -2.98040175, 2.37563372],
dtype=float32)
```

gensim 模块的内置方法可以充分利用词嵌入。例如，之前关于国王的问题可以用 most_similar 方法解决：

```
# 女 + 国王 - 男 = 女王
model.wv.most_similar(positive=['woman', 'king'], negative=['man'], topn=10)
```

```
[(u'emperor', 0.8988120555877686), (u'prince', 0.87584388256073), (u'consul',
0.8575721979141235), (u'tsar', 0.8558996319770813), (u'constantine',
0.8515684604644775), (u'pope', 0.8496872782707214), (u'throne', 0.8495982885360718),
(u'elector', 0.8379884362220764), (u'judah', 0.8376096487045288), (u'emperors',
0.8356839418411255)]
```

不太好，没有得到期望的 queen。我们试试关于巴黎的问题：

```
# 伦敦之于英国相当于巴黎之于?
model.wv.most_similar(positive=['Paris', 'England'], negative=['London'], topn=1)
```

```
KeyError: "word 'Paris' not in vocabulary"
```

看样子 Paris 这个词还没有被学到，因为它不在语料库中。我们已经可以看到这个程序的局限性了：词嵌入会受限于选择的语料库和计算词嵌入的机器。在 data 目录中，我们提供了一个经过预训练的词汇表 GoogleNews-vectors-negative300.bin，包括 Google 所收录网站上的 300 万个单词，每个单词学习 300 个维度。

我们可以使用 `gensim` 的内置导入工具，导入这些预训练的词嵌入：

```
model =
gensim.models.KeyedVectors.load_word2vec_format('../data/GoogleNews-vectors-
negative300.bin', binary=True)

# 300 万单词
len(model.wv.vocab)
3000000
```

这些词嵌入是用家用计算机无法企及的强大机器训练而成的。现在可以尝试我们的问题了：

```
# 女 + 国王 - 男 = 女王
model.wv.most_similar(positive=['woman', 'king'], negative=['man'], topn=1)

[('queen', 0.7118192911148071)]

# 伦敦之于英国相当于巴黎之于?
model.wv.most_similar(positive=['Paris', 'England'], negative=['London'], topn=1)

[('France', 0.667637825012207)]
```

好极了！这些词嵌入似乎已经得到了足够的训练，可以解决复杂的单词问题了。和前面一样，`most_similar` 方法会返回词汇表中与所提供单词最相似的词项。正列表（`positive`）中的单词是要相加的向量，负列表（`negative`）中的单词是要从结果中减去的。下图是使用词向量提取含义的直观描述。

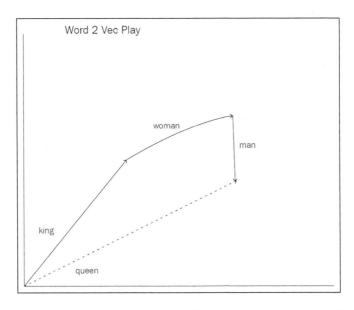

这里，我们从国王的向量表示开始，加上女性概念（向量），然后减去男性概念（加上负向量），从而获得用虚线表示的向量。这个向量和女王的向量表示最为接近，所以：

**国王 + 女 − 男 = 女王**

gensim 还有很多可利用的方法，例如 doesnt_match。这个方法会选出不属于列表的单词，做法是将和其他单词平均值最不接近的单词分离开来。例如，我们输入 4 个单词，其中 3 个是动物、1 个是植物，看看能否选出不属于同一类别的单词：

```
# 选出不属于同一类别的单词
model.wv.doesnt_match("duck bear cat tree".split())

'tree'
```

这个包也可以计算单词间的相似性（分数为 0 ~ 1），用于动态比较单词：

```
# 0~1 的相似性分数

# “女人”和“男人”的相似度，比较相似
model.wv.similarity('woman', 'man')
0.766401223

# “树”和“男人”的相似度，不大相似
model.wv.similarity('tree', 'man')

0.22937459
```

可以看到，“男人”和“女人”的相似度比“男人”和“树”的相似度要高。我们可以用这个方法实现很多之前不可能完成的任务。

## 7.5.5   词嵌入的应用：信息检索

词嵌入有数不胜数的应用，信息检索就是其中之一。当我们输入关键词时，搜索引擎可以回忆并精确地返回和关键词匹配的文章或新闻。例如，我们搜索关于狗（dog）的文章时，会得到包含这个词的文章。如果搜索犬（canine）这个词呢？因为犬就是狗，我们还是希望看见关于狗的文章。下面实现一个简单的信息检索系统，展示一下词嵌入的力量。

我们创建一个函数，从 gensim 包中获取单词的词嵌入，查找失败则返回 None：

```
# 查找词嵌入，没有就返回 None
def get_embedding(string):
    try:
        return model.wv[string]
    except:
        return None
```

然后创建 3 个文章标题，其中一个关于狗，一个关于猫，一个没有主题、属于干扰项：

```
# 原创标题
sentences = [
  "this is about a dog",
```

```
 "this is about a cat",
 "this is about nothing"
]
```

目标是输入接近 dog 或 cat 的参考词，获取相关标题。我们先对每个句子创建一个 $3 \times 300$ 的向量化矩阵。具体做法是对句子中的每个单词取均值，作为句子的均值向量。在向量化后，我们就可以对句子和参考词求点积，进行比较。最接近的向量，点积最大：

```
import numpy as np
from functools import reduce

# 3 x 300 的零矩阵
vectorized_sentences = np.zeros((len(sentences),300))
# 对于每个句子
for i, sentence in enumerate(sentences):
    # 分词
    words = sentence.split(' ')
    # 进行词嵌入
    embedded_words = [get_embedding(w) for w in words]
    embedded_words = filter(lambda x:x is not None, embedded_words)
    # 对标题进行向量化，取均值
    vectorized_sentence = reduce(lambda x,y:x+y, embedded_words)/
len(list(embedded_words))
    # 改成向量
    vectorized_sentences[i:] = vectorized_sentence

vectorized_sentences.shape

(3, 300)
```

需要注意的是，我们在创建文档的向量化表示时，并不考虑单词的顺序。为什么这样比 CountVectorizer 和 TfidfVectorizer 好呢？gensim 方法希望把文本投影到单词上下文学习到的潜在结构上，而 scikit-learn 的向量化器只能使用我们已掌握的词汇。在这 3 个句子中，只有 7 个单词：

```
this, is, about, a, dog, cat, nothing
```

因此 CountVectorizer 和 TfidfVectorizer 的最大投影形状是(3, 7)。我们试着寻找与 dog 最接近的句子：

```
# 和"狗"最接近的句子
reference_word = 'dog'

# 词嵌入和向量化矩阵的点积
best_sentence_idx = np.dot(vectorized_sentences,
get_embedding(reference_word)).argsort()[-1]

# 最相关的句子
sentences[best_sentence_idx]

'this is about a dog'
```

**7**

很简单。给定 dog，我们可以取得关于它的句子。cat 一词也是一样的：

```
reference_word = 'cat'
best_sentence_idx = np.dot(vectorized_sentences,
get_embedding(reference_word)).argsort()[-1]

sentences[best_sentence_idx]

'this is about a cat'
```

再试试高难度的。输入 canine 和 tiger，看看能不能分别得到关于 dog 和 cat 的句子：

```
reference_word = 'canine'
best_sentence_idx = np.dot(vectorized_sentences,
get_embedding(reference_word)).argsort()[-1]

print sentences[best_sentence_idx]

'this is about a dog'

reference_word = 'tiger'
best_sentence_idx = np.dot(vectorized_sentences,
get_embedding(reference_word)).argsort()[-1]

print sentences[best_sentence_idx]

'this is about a cat'
```

下面的例子更有意思。下面是《数据科学原理》一书的章名列表：

```
sentences = """
How to Sound Like a Data Scientist
Types of Data
The Five Steps of Data Science
Basic Mathematics
A Gentle Introduction to Probability
Advanced Probability
Basic Statistics
Advanced Statistics
Communicating Data
Machine Learning Essentials
Beyond the Essentials
Case Studies
""".split('\n')
```

有 12 章可以检索。我们的目标是给定主题，用参考词提供 3 个最相关的标题。例如，给定"数学"，我们有可能建议阅读关于基础数学、统计学和概率的章节。

我们看看在给定输入下，最好阅读哪些章节。和前面一样，计算一个向量化文档矩阵：

```
# 3 x 300 的零矩阵
vectorized_sentences = np.zeros((len(sentences),300))
# 对于每个句子
```

```
for i, sentence in enumerate(sentences):
    # 分词
    words = sentence.split(' ')
    # 进行词嵌入
    embedded_words = [get_embedding(w) for w in words]
    embedded_words = filter(lambda x:x is not None, embedded_words)
    # 对标题进行向量化，取均值
    vectorized_sentence = reduce(lambda x,y:x+y, embedded_words)/
len(list(embedded_words))
    # 改成向量
    vectorized_sentences[i:] = vectorized_sentence

vectorized_sentences.shape
(12, 300)
```

然后寻找和 math 最相关的章节：

```
# 和“数学”最相关的章节
reference_word = 'math'
best_sentence_idx = np.dot(vectorized_sentences,
get_embedding(reference_word)).argsort()[-3:][::-1]

[sentences[b] for b in best_sentence_idx]

['Basic Mathematics', 'Basic Statistics', 'Advanced Probability ']
```

然后，假设我们要做关于数据的演讲，想知道哪些章节最有用：

```
# 关于数据的演讲
reference_word = 'talk'
best_sentence_idx = np.dot(vectorized_sentences,
get_embedding(reference_word)).argsort()[-3:][::-1]

[sentences[b] for b in best_sentence_idx]

['Communicating Data ', 'How to Sound Like a Data Scientist', 'Case Studies ']
```

最后，查找关于 AI 的章节：

```
# 关于 AI
reference_word = 'AI'
best_sentence_idx = np.dot(vectorized_sentences,
get_embedding(reference_word)).argsort()[-3:][::-1]

[sentences[b] for b in best_sentence_idx]

['Advanced Probability ', 'Advanced Statistics', 'Machine Learning Essentials']
```

可以看到，词嵌入可以从文本中检索上下文相关的信息。

## 7.6    小结

本章重点介绍了两种特征学习工具：RBM 和词嵌入。

这两种工具都使用深度学习架构从原始数据中学习新的特征集。两种技术都用较浅的网络来优化训练时间，并且用拟合阶段学到的权重和偏差来提取数据的潜在结构。

下一章包含两个特征工程的例子，全部基于从互联网上收集的真实数据，并且会展示如何使用从本书学到的工具来创建最佳的机器学习流水线。

**第 8 章**

# 案例分析

本书已经介绍了几种不同的特征学习算法，也利用了很多不同的数据集。本章会通过一些案例，帮助你加深对书中各个主题的理解。我们会从头到尾完成对两个案例的研究，以进一步了解特征工程如何在现实应用中帮助我们创建机器学习流水线。对于每个案例，我们都会从如下几方面介绍：

❑ 要实现的应用；
❑ 使用的数据；
❑ 探索性数据分析；
❑ 机器学习流水线和指标。

要研究的案例主题如下：

❑ 面部识别；
❑ 预测酒店评论数据。

我们开始吧！

## 8.1　案例 1：面部识别

第一个案例研究的是 scikit-learn 中 Wild 数据集里的面部数据集。这个数据集叫作 JAFFE，包括一些面部照片以及适当的表情标签。我们的任务是**面部识别**，即进行有监督的机器学习，预测图像中人物的表情。

### 8.1.1　面部识别的应用

图像处理和面部识别的用途很广。在视频和图像中快速识别人群中的人脸对物理安全和社会媒体巨头公司而言至关重要。Google 等具有图像搜索功能的搜索引擎可以用图像识别算法来匹配图像并量化其相似度，以便我们上传某人的照片后，可以获取其所有其他照片。

**8**

## 8.1.2   数据

我们先加载数据集，导入几个用于绘制数据的包。在 Jupyter Notebook 的最上方放置所有的导入语句是个好习惯。当然，有可能需要在工作中途导入新的包，但是为了保证整洁，最好把所有的导入语句放在最上端。

下面的代码包括本例需要的导入语句。导入的每个包都会用到，你会逐渐明白它们的具体用途：

```
# 特征提取模块
from sklearn.decomposition import PCA
from sklearn.discriminant_analysis import LinearDiscriminantAnalysis

# 特征缩放模块
from sklearn.preprocessing import StandardScaler

# 标准 Python 模块
from time import time
import numpy as np
import matplotlib.pyplot as plt

%matplotlib inline
# 保证图片直接在笔记本中出现

# scikit-learn 的特征选择模块
from sklearn.model_selection import train_test_split, GridSearchCV, cross_val_score

# 指标
from sklearn.metrics import classification_report, confusion_matrix, accuracy_score

# 机器学习模块
from sklearn.linear_model import LogisticRegression
from sklearn.pipeline import Pipeline
```

可以开始了！步骤如下所示。

(1) 首先加载数据集。

```
!git clone https://github.com/ashishpatel26/Facial-Expression-Recognization-using-
JAFFE.git

data_path = './jaffe/'
data_dir_list = os.listdir(data_path)

img_rows=256
img_cols=256
num_channel=1

num_epoch=10

img_data_list=[]


for dataset in data_dir_list:
```

```
    img_list=os.listdir(data_path+'/'+ dataset)
    print ('Loaded the images of dataset-'+'{}\n'.format(dataset))
    for img in img_list:
        input_img=cv2.imread(data_path + '/'+ dataset + '/'+ img )
        input_img=cv2.cvtColor(input_img, cv2.COLOR_BGR2GRAY)
        input_img_resize=cv2.resize(input_img,(128,128))
        img_data_list.append(input_img_resize)

img_data = np.array(img_data_list)
img_data = img_data.astype('float32')
img_data = img_data/255
img_data.shape
```

(2) 我们可以检查图像数组，输出图像大小。代码如下：

```
n_samples, h, w = img_data.shape
n_samples, h, w
```

```
(213, 128, 128)
```

一共有 213 个样本（图像），高度和宽度都是 128 像素。

(3) 接着设置流水线的 X 和 y 变量：

```
# 直接使用 不管相对像素位置

X = img_data
y = labels
n_features = X.shape[1]

n_features
```

```
16384
```

n_features 的数量是 16 384，因为：

$$128 \times 128 = 16\,384$$

下面的代码可以输出数据的形状：

```
X.shape
```

```
(213, 16384)
```

## 8.1.3　数据探索

数据有 213 行和 16 384 列。我们可以绘制一幅图像，进行探索性数据分析：

```
# 绘制其中一张脸
plt.imshow(X[0].reshape((h, w)), cmap=plt.cm.gray)
getLabel(y[0])
```

**8**

给出的标签是:

`'ANGRY'`

该图像如下所示。

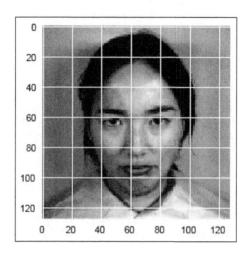

我们在缩放后重新绘制一次图像:

```
plt.imshow(StandardScaler().fit_transform(X)[0].reshape((h, w)), cmap=plt.cm.gray)
getLabel(y[0])
```

输出是:

`'ANGRY'`

得到的图像如下所示。

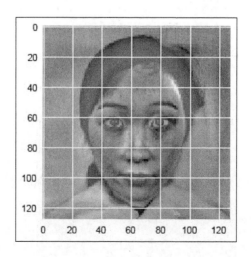

可以看见，图像略有不同，脸部周围的像素变暗了。现在设置预测的标签：

```
# 预测表情

target_names = labels_text
n_samples = X.shape[0]
n_classes = len(names)

print("Total dataset size:")
print("n_samples: %d" % n_samples)
print("n_features: %d" % n_features)
print("n_classes: %d" % n_classes)
```

输出是：

```
Total dataset size:
n_samples: 213
n_features: 16384
n_classes: 7
```

## 8.1.4　应用面部识别

现在可以开始构建机器学习流水线来创建面部识别模型了。

(1) 首先创建**训练集**和测试集，对数据进行**分割**，代码如下：

```
# 把数据分成训练集和测试集
X_train, X_test, y_train, y_test = train_test_split(X, y, test_size=0.25,
random_state=1)
```

(2) 现在可以在数据集上进行**主成分分析**（PCA）了。先将 PCA 实例化，在进入流水线之前进行数据扩充。方法如下：

```
# PCA 实例化
pca = PCA(n_components=50, whiten=True)

# 创建流水线，扩充数据，然后应用 PCA
preprocessing = Pipeline([('scale', StandardScaler()), ('pca', pca)])
```

(3) 现在拟合流水线：

```
print("Extracting the top %d eigenfaces from %d faces" % (50, X_train.shape[0]))

# 在训练集上拟合流水线
preprocessing.fit(X_train)

# 从流水线上取 PCA
extracted_pca = preprocessing.steps[1][1]
```

(4) print 语句的输出是：

```
Extracting the top 50 eigenfaces from 159 faces
```

**8**

(5) 看一下碎石图：

*# 碎石图*

```
plt.plot(np.cumsum(extracted_pca.explained_variance_ratio_))
```

得到的图像如下图所示。

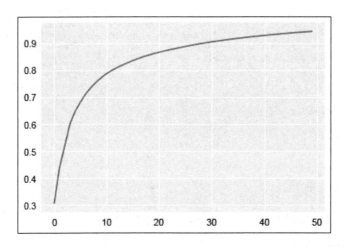

可以看出，30 个主成分就可以表示 90%以上的方差，和原始的特征数量相比很可观。

(6) 可以创建函数，绘制 PCA 的主成分，代码如下：

```
comp = extracted_pca.components_
image_shape = (h, w)
def plot_gallery(title, images, n_col, n_row):
    plt.figure(figsize=(2. * n_col, 2.26 * n_row))
    plt.suptitle(title, size=16)
    for i, comp in enumerate(images):
        plt.subplot(n_row, n_col, i + 1)
        vmax = max(comp.max(), -comp.min())
        plt.imshow(comp.reshape(image_shape), cmap=plt.cm.gray,
                   vmin=-vmax, vmax=vmax)
        plt.xticks(())
        plt.yticks(())
    plt.subplots_adjust(0.01, 0.05, 0.99, 0.93, 0.04, 0.)
    plt.show()
```

(7) 现在可以调用 `plot_gallery` 函数，方法如下：

```
plot_gallery('PCA componenets', comp[:16], 4,4)
```

输出如下图所示。

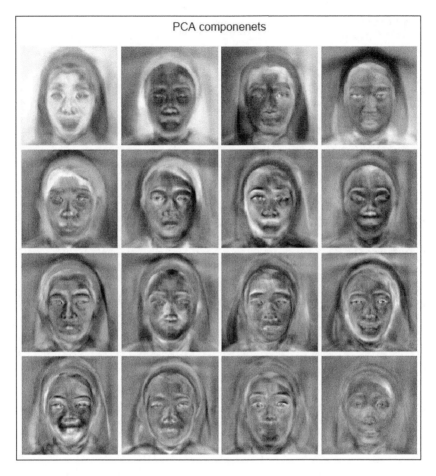

可以看见每行每列的 PCA 主成分了！这些**特征脸**（eigenface）是 PCA 模块发现的人脸特征。可以将其和第 7 章的结果进行对比，当时我们用 PCA 提取了**特征数字**。每个主成分都包括了可以区分不同人脸的重要信息，例如：

❑ 第四行第一列的特征脸好像突出了腮部表情；
❑ 第二行第三列的特征脸好像显示了嘴部的变化。

当然，上面是我们的解释，不同的面部数据集会输出不同的特征脸。接下来创建的函数可以更清晰地显示混淆矩阵，包括热标签和归一化选项：

```
import itertools
def plot_confusion_matrix(cm, classes,
                          normalize=False,
                          title='Confusion matrix',
                          cmap=plt.cm.Blues):
```

**8**

```
plt.imshow(cm, interpolation='nearest', cmap=cmap)
plt.title(title)
plt.colorbar()
tick_marks = np.arange(len(classes))
plt.xticks(tick_marks, classes, rotation=45)
plt.yticks(tick_marks, classes)

thresh = cm.max() / 2.
for i, j in itertools.product(range(cm.shape[0]), range(cm.shape[1])):
    plt.text(j, i, cm[i, j],
                horizontalalignment="center",
                color="white" if cm[i, j] > thresh else "black")
plt.ylabel('True label')
plt.xlabel('Predicted label')
```

现在不使用 PCA 也可以看见差异。我们查看一下模型的准确率：

```
# 不用 PCA, 看看差异
t0 = time()
logreg = LogisticRegression()

param_grid = {'C': [1e-2, 1e-1, 1e0, 1e1, 1e2]}
clf = GridSearchCV(logreg, param_grid)
clf = clf.fit(X_train, y_train)
best_clf = clf.best_estimator_

# 用测试集进行预测
y_pred = best_clf.predict(X_test)

print(accuracy_score(y_pred, y_test), "Accuracy score for best estimator")
print(plot_confusion_matrix(confusion_matrix(y_test, y_pred,
labels=range(n_classes)), target_names))
print(round((time() - t0), 1), "seconds to grid search and predict the test set")
```

输出如下：

```
0.7592592592592593 Accuracy score for best estimator
309.5 seconds to grid search and predict the test set
```

在只使用原始像素的情况下，我们的线性模型可以达到 **75.9%** 的准确率。下面看看应用 PCA 后会不会有所不同，把主成分数量设置成 200：

```
# 用 PCA
t0 = time()

face_pipeline = Pipeline(steps=[('PCA', PCA(n_components=200)), ('logistic',
logreg)])

pipe_param_grid = {'logistic__C': [1e-2, 1e-1, 1e0, 1e1, 1e2]}
clf = GridSearchCV(face_pipeline, pipe_param_grid)
clf = clf.fit(X_train, y_train)
best_clf = clf.best_estimator_
```

```
# 用测试集进行预测
y_pred = best_clf.predict(X_test)

print(accuracy_score(y_pred, y_test), "Accuracy score for best estimator")
print(classification_report(y_test, y_pred, target_names=target_names))
print(plot_confusion_matrix(confusion_matrix(y_test, y_pred,
labels=range(n_classes)), target_names))
print(round((time() - t0), 1), "seconds to grid search and predict the test set")
```

应用 PCA 后的输出如下：

```
0.6666666666666666 Accuracy score for best estimator
4.9 seconds to grid search and predict the test set
```

有意思！可以看到，准确率下降到了 **66.7%**。

现在做一个网格搜索，寻找最佳模型和准确率。首先创建一个执行网格搜索的函数，它会输出准确率、参数、平均拟合时间和平均分类时间。函数的创建方法如下：

```
def get_best_model_and_accuracy(model, params, X, y):
    grid = GridSearchCV(model,              # 网格搜索的模型
                        params,             # 搜索的参数
                        error_score=0.)     # 如果出错，正确率是 0
    grid.fit(X, y)                  # 拟合模型和参数
    # 经典的性能参数
    print("Best Accuracy: {}".format(grid.best_score_))
    # 得到最佳准确率的最佳参数
    print("Best Parameters: {}".format(grid.best_params_))
    # 拟合的平均时间（秒）
    print("Average Time to Fit (s):
{}".format(round(grid.cv_results_['mean_fit_time'].mean(), 3)))
    # 预测的平均时间（秒）
    # 从该指标可以看出模型在真实世界的性能
    print("Average Time to Score (s):
{}".format(round(grid.cv_results_['mean_score_time'].mean(), 3)))
```

现在可以创建一个更大的网格搜索流水线，包含更多的组件：

❑ 缩放模块；

❑ PCA 模块，提取捕获方差的最佳特征；

❑ **线性判别分析（LDA）模块，创建区分人脸效果最好的特征；**

❑ 线性分类器，利用上述 3 个特征工程模块的结果，尝试对人脸进行区分。

创建大型流水线的代码如下：

```
# 网格搜索的大型流水线
face_params = {'logistic__C':[1e-2, 1e-1, 1e0, 1e1, 1e2],
               'preprocessing__pca__n_components':[100, 150, 200, 250, 300],
               'preprocessing__pca__whiten':[True, False],
               'preprocessing__lda__n_components':range(1, 7)
               # [1, 2, 3, 4, 5, 6] recall the max allowed is n_classes-1
```

**8**

```
            }

pca = PCA()
lda = LinearDiscriminantAnalysis()

preprocessing = Pipeline([('scale', StandardScaler()), ('pca', pca), ('lda', lda)])

logreg = LogisticRegression()
face_pipeline = Pipeline(steps=[('preprocessing', preprocessing), ('logistic',
logreg)])

get_best_model_and_accuracy(face_pipeline, face_params, X, y)
```

结果如下：

```
Best Accuracy: 0.8276995305164319
Best Parameters: {'logistic__C': 10.0, 'preprocessing__lda__n_components': 6,
'preprocessing__pca__n_components': 100, 'preprocessing__pca__whiten': True}
Average Time to Fit (s): 0.213
Average Time to Score (s): 0.007
```

可以看见，准确率大幅度提高，预测的速度极快！

## 8.2　案例 2：预测酒店评论数据的主题

第二个案例会研究酒店评论数据，尝试按主题将评论聚类。我们使用的方法是**潜在语义分析**（LSA，latent semantic analysis），就是在稀疏的文本文档（词矩阵）上应用 PCA。为了进行分类和聚类，我们需要发掘文本的潜在结构。

### 8.2.1　文本聚类的应用

文本**聚类**的含义是，为了理解文档的内容，将文本划分到不同的主题。想象一下，一家大型连锁酒店每周都会收到来自世界各地的数千条评论。酒店的员工会希望知道人们的评论，以便明确工作的优秀和不足之处。

当然，这里的限制因素是人类阅读文本的速度和准确度。我们可以训练机器识别评论的类型，然后对新的评论进行预测，并将这个过程自动化。

### 8.2.2　酒店评论数据

我们要使用的数据集来自 Kaggle，包括全球 1000 家酒店的 35 000 条评论。我们的任务是分离出评论文本并识别评论的**主题**（人们谈论的内容），然后创建一个机器学习模型，以预测/识别传入评论的主题。

导入语句如下：

```
# 行归一化
from sklearn.preprocessing import Normalizer

# scikit-learn 的 KMeans 聚类模块
from sklearn.cluster import KMeans

# 数据修改工具
import pandas as pd

# NLTK 的分词工具
from nltk.tokenize import sent_tokenize

# 特征提取模块（之后会涉及 TruncatedSVD）
from sklearn.decomposition import PCA
from sklearn.decomposition import TruncatedSVD
```

然后导入数据：

```
hotel_reviews = pd.read_csv('../data/7282_1.csv')
```

导入数据后，可以观察一下原始数据的样式。

## 8.2.3　数据探索

我们先看一下数据的形状：

```
hotel_reviews.shape
```

```
(35912, 19)
```

数据有 35 912 行和 19 列。我们只关注有文本数据的列，但是先看一下前几行是什么样的，以便更好地理解数据：

```
hotel_reviews.head()
```

输出的表格如下所示。

**8**

| | address | cate-gories | city | country | latitude | longi-tude | name | postal-Code | province | reviews.date | reviews.date-Added | reviews.doReco-mmend | reviews.id | reviews.rating | reviews.text | reviews.title | reviews.user-City | reviews.username | reviews.user-Province |
|---|---|---|---|---|---|---|---|---|---|---|---|---|---|---|---|---|---|---|---|
| 0 | Riviera San Nicol 11/a | Hotels | Mableton | US | 45.421611 | 12.376187 | Hotel Russo Palace | 30126 | GA | 2013-09-22 T00:00:00Z | 2016-10-24 T00:00:25Z | NaN | NaN | 4.0 | Pleasant 10 min walk along the sea front to th... | Good loca-tion away from the crouds | NaN | Russ (kent) | NaN |
| 1 | Riviera San Nicol 11/a | Hotels | Mableton | US | 45.421611 | 12.376187 | Hotel Russo Palace | 30126 | GA | 2015-04-03 T00:00:00Z | 2016-10-24 T00:00:25Z | NaN | NaN | 5.0 | Really lovely hotel. Stayed on the very top fl... | Great hotel with Jacuzzi bath! | NaN | A Traveler | NaN |
| 2 | Riviera San Nicol 11/a | Hotels | Mableton | US | 45.421611 | 12.376187 | Hotel Russo Palace | 30126 | GA | 2014-05-13 T00:00:00Z | 2016-10-24 T00:00:25Z | NaN | NaN | 5.0 | Ett mycket bra hotell. Det som drog ner betyge... | Lugnt läge | NaN | Maud | NaN |
| 3 | Riviera San Nicol 11/a | Hotels | Mableton | US | 45.421611 | 12.376187 | Hotel Russo Palace | 30126 | GA | 2013-10-27 T00:00:00Z | 2016-10-24 T00:00:25Z | NaN | NaN | 5.0 | We stayed here for four nights in October. The... | Good location on the Lido. | NaN | Julie | NaN |
| 4 | Riviera San Nicol 11/a | Hotels | Mableton | US | 45.421611 | 12.376187 | Hotel Russo Palace | 30126 | GA | 2015-03-05 T00:00:00Z | 2016-10-24 T00:00:25Z | NaN | NaN | 5.0 | We stayed here for four nights in October. The... | 0000000 00000000 00000 | NaN | sungchul | NaN |

我们只看来自美国的评论，排除其他的语言。首先将数据可视化，方法如下：

```
# 评论的经纬度
hotel_reviews.plot.scatter(x='longitude', y='latitude')
```

输出如下图所示。

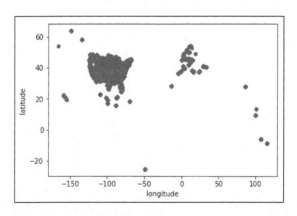

为了便于处理数据集，我们用 Pandas 取评论的子集，只包括美国的评论：

```
# 只看美国的评论
hotel_reviews = hotel_reviews[((hotel_reviews['latitude']<=50.0) &
(hotel_reviews['latitude']>=24.0)) & ((hotel_reviews['longitude']<=-65.0) &
(hotel_reviews['longitude']>=-122.0))]

# 再次绘制经纬度
hotel_reviews.plot.scatter(x='longitude', y='latitude')
# 只看来自美国的评论
```

输出如下图所示。

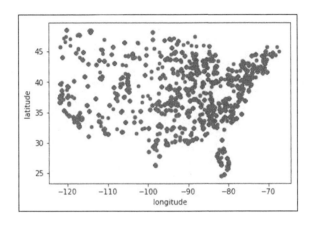

看起来像美国地图！我们看一下过滤后的数据集形状：

```
hotel_reviews.shape
```

数据有 30 692 行和 19 列。我们在写酒店评论时，一般会涉及不同的方面。因此，我们按句子分配主题，而不是按整个评论分类。

为了进行处理，我们取数据的评论列，代码如下：

```
texts = hotel_reviews['reviews.text']
```

## 8.2.4　聚类模型

我们可以将文本切分成句子，扩展数据集。我们从 NLTK（自然语言工具包）中导入 sent_tokenize 函数。这个函数接收一个字符串，输出由标点分割的有序列表。例如：

```
sent_tokenize("hello! I am Sinan. How are you??? I am fine")

['hello!', 'I am Sinan.', 'How are you???', 'I am fine']
```

我们用 Python 的 reduce 逻辑，在整个语料库上应用这个函数。大体上说，sent_tokenize 函数会在每个评论上应用一次，创建一个叫 sentences 的列表，包含所有的句子：

```
from functools import reduce
sentences = reduce(lambda x, y:x+y, texts.apply(lambda x: sent_tokenize(str(x))))
```

可以看一下句子总数：

```
# 句子总数
len(sentences)
```

```
118151
```

一共有 118 151 个句子。我们用 `TfidfVectorizer` 创建一个文档–词矩阵：

```
from sklearn.feature_extraction.text import TfidfVectorizer

tfidf = TfidfVectorizer(ngram_range=(1, 2), stop_words='english')

tfidf_transformed = tfidf.fit_transform(sentences)

tfidf_transformed
```

输出是：

```
<118151x280901 sparse matrix of type '<class 'numpy.float64'>'
    with 1180273 stored elements in Compressed Sparse Row format>
```

然后用 PCA 拟合：

```
# 尝试 PCA 拟合
PCA(n_components=1000).fit(tfidf_transformed)
```

运行时报错了：

```
TypeError: PCA does not support sparse input. See TruncatedSVD for a possible
alternative.
```

错误的意思是，PCA 不支持稀疏输入，应该使用 TruncatedSVD。奇异值分解（SVD，singular value decomposition）是一个矩阵技巧，当数据集中时可以计算相同的 PCA 主成分，允许我们使用稀疏矩阵。我们接受这个建议，使用 `TruncatedSVD` 模块。

## 8.2.5 SVD 与 PCA 主成分

在处理酒店数据之前，我们先用“鸢尾花数据集”进行试验，看看 SVD 和 PCA 的主成分是否相同。

(1) 先导入鸢尾花数据，创造一个中心化版本、一个缩放版本：

```
from sklearn.preprocessing import StandardScaler

# 从 scikit-learn 导入鸢尾花数据集
from sklearn.datasets import load_iris
```

```
# 加载莺尾花数据集
iris = load_iris()

# 分离特征和响应变量
iris_X, iris_y = iris.data, iris.target

X_centered = StandardScaler(with_std=False).fit_transform(iris_X)
X_scaled = StandardScaler().fit_transform(iris_X)
```

(2) 实例化一个 SVD 对象和一个 PCA 对象：

```
# 看看结果是否一样
svd = TruncatedSVD(n_components=2)
pca = PCA(n_components=2)
```

(3) 对原始、中心化和缩放的莺尾花数据分别应用 SVD 和 PCA，进行比较：

```
# 对于原始数据集，PCA 和 TruncatedSVD 是否一样
# 看相减结果是否接近 0
print((pca.fit(iris_X).components_ - svd.fit(iris_X).components_).mean())
```

```
0.1301831230943786 # 不接近 0
# 矩阵不一样
```

```
# 对于中心化数据集，PCA 和 TruncatedSVD 是否一样
print((pca.fit(X_centered).components_ - svd.fit(X_centered).components_).mean())
```

```
7.632783294297951e-17 # 接近 0
# 矩阵一样
```

```
# 对于缩放的数据集，PCA 和 TruncatedSVD 是否一样
print((pca.fit(X_scaled).components_ - svd.fit(X_scaled).components_).mean())
```

```
3.469446951953614e-17 # 接近 0
# 矩阵一样
```

(4) SVD 模块在缩放的数据上返回和 PCA 一样的主成分，但是在原始数据上不一样。我们继续处理酒店数据：

```
svd = TruncatedSVD(n_components=1000)
svd.fit(tfidf_transformed)
```

输出是：

```
TruncatedSVD(algorithm='randomized', n_components=1000, n_iter=5,
        random_state=None, tol=0.0)
```

(5) 像讨论 PCA 时一样画碎石图，查看 SVD 主成分解释的方差比例：

```
import matplotlib.pyplot as plt
import numpy as np

# 碎石图
plt.plot(np.cumsum(svd.explained_variance_ratio_))
```

8

图像如下所示。

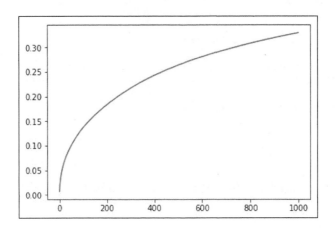

可以看见，1000 个主成分解释了差不多 30% 的方差。下面设置一下潜在语义分析流水线。

## 8.2.6　潜在语义分析

**潜在语义分析**（LSA）是一种特征提取工具，对如下 3 个步骤的文本提取有所帮助，本书已经有所提及：

❑ tfidf 向量化；
❑ PCA（因为文本的稀疏性，我们用 SVD）；
❑ 行归一化。

我们创建一个执行 LSA 的 scikit-learn 流水线：

```
tfidf = TfidfVectorizer(ngram_range=(1, 2), stop_words='english')
svd = TruncatedSVD(n_components=10)  # will extract 10 "topics"
normalizer = Normalizer() # will give each document a unit norm

lsa = Pipeline(steps=[('tfidf', tfidf), ('svd', svd), ('normalizer', normalizer)])
```

然后可以拟合并转换数据，代码如下：

```
lsa_sentences = lsa.fit_transform(sentences)

lsa_sentences.shape

(118151, 10)
```

矩阵有 118 151 行和 10 列。10 列代表提取的 10 个 PCA/SVD 主成分。我们现在可以在 lsa_sentences 上应用 KMeans 聚类，代码如下：

```
cluster = KMeans(n_clusters=10)

cluster.fit(lsa_sentences)
```

 我们假设你对聚类有基本的了解。关于聚类及其原理，请参考《数据科学原理》。

你应该注意到了，我们为 K 均值和 PCA 都选择了 10 这个数。不过这并不是一定的。一般而言，你可以在 SVD 模块中提取更多的列。我们取 10 个聚类的意思是：**我认为人们谈论的内容有 10 个主题，请把每句话划分到其中一个主题里**。

输出如下：

```
KMeans(algorithm='auto', copy_x=True, init='k-means++', max_iter=300,
    n_clusters=10, n_init=10, n_jobs=1, precompute_distances='auto',
    random_state=None, tol=0.0001, verbose=0)
```

我们对原始的文档–词矩阵（形状为(118151, 280901)）进行拟合并预测，然后对潜在语义分析矩阵（形状为(118151, 10)）做同样的操作，并比较结果。

(1) 首先是原始数据集：

```
%%timeit
# 原始(118151, 280901)数据集的聚类速度
cluster.fit(tfidf_transformed)
```

结果是：

```
1 loop, best of 3: 4min 15s per loop
```

(2) 我们也对 K 均值计时：

```
%%timeit
# 也对 K 均值聚类的预测进行计时
cluster.predict(tfidf_transformed)
```

结果是：

```
10 loops, best of 3: 120 ms per loop
```

(3) 然后是 LSA：

```
%%timeit
# LSA(118151, 10)数据集的聚类速度
cluster.fit(lsa_sentences)
```

结果是：

```
1 loop, best of 3: 3.6 s per loop
```

(4) 可以看见，LSA 比拟合原始的 tfidf 数据集快 80 倍。我们对 LSA 的聚类预测计时：

```
%%timeit
# 也对 K 均值聚类的预测进行计时
cluster.predict(lsa_sentences)
```

结果是：

```
10 loops, best of 3: 34 ms per loop
```

可以看出，预测 LSA 数据集比原始的 tfidf 数据集快 4 倍。

(5) 现在将文本转换为聚类距离空间，其中每行代表一个观察值，如下所示：

```
cluster.transform(lsa_sentences).shape
(118151, 10)
predicted_cluster = cluster.predict(lsa_sentences)
predicted_cluster
```

输出是：

```
array([2, 2, 2, ..., 2, 2, 6], dtype=int32)
```

(6) 现在我们可以获取主题的分布了，代码如下：

```
# 主题的分布
pd.Series(predicted_cluster).value_counts(normalize=True)# create DataFrame of texts
and predicted topics
texts_df = pd.DataFrame({'text':sentences, 'topic':predicted_cluster})

texts_df.head()

print "Top terms per cluster:"
original_space_centroids = svd.inverse_transform(cluster.cluster_centers_)
order_centroids = original_space_centroids.argsort()[:, ::-1]
terms = lsa.steps[0][1].get_feature_names()
for i in range(10):
    print "Cluster %d:" % i
    print ', '.join([terms[ind] for ind in order_centroids[i, :5]])
    print

lsa.steps[0][1]
```

(7) 这样可以得到每个主题最引人关注的短语列表（按 TfidfVectorizer 分类）：

```
Top terms per cluster:
Cluster 0:
good, breakfast, breakfast good, room, great

Cluster 1:
hotel, recommend, good, recommend hotel, nice hotel

Cluster 2:
```

```
clean, room clean, rooms, clean comfortable, comfortable

Cluster 3:
room, room clean, hotel, nice, good

Cluster 4:
great, location, breakfast, hotel, stay

Cluster 5:
stay, hotel, good, enjoyed stay, enjoyed

Cluster 6:
comfortable, bed, clean comfortable, bed comfortable, room

Cluster 7:
nice, room, hotel, staff, nice hotel

Cluster 8:
hotel, room, good, great, stay

Cluster 9:
staff, friendly, staff friendly, helpful, friendly helpful
```

我们可以查看每个聚类最热门的词汇，其中一些很有意义。例如，聚类 1 好像是关于人们如何向家人和朋友推荐酒店，聚类 9 是关于员工如何热情好客、乐于助人。接下来我们希望预测新评论的主题。

现在可以预测新评论属于哪个聚类了，代码如下：

```
# 主题预测
print(cluster.predict(lsa.transform(['I definitely recommend this hotel'])))

print(cluster.predict(lsa.transform(['super friendly staff. Love it!'])))
```

第一句的预测输出是聚类 1，第二句是聚类 9，如下所示：

```
[1]
[9]
```

很好！聚类 1 对应于：

```
Cluster 1:
hotel, recommend, good, recommend hotel, nice hotel
```

聚类 9 对应于：

```
Cluster 9:
staff, friendly, staff friendly, helpful, friendly helpful
```

聚类 1 看起来是对酒店的推荐，聚类 9 则更关注员工。我们的预测相当准确！

**8**

## 8.3　小结

本章，我们利用书中的很多特征工程方法，研究了来自两个截然不同领域的案例。

希望你觉得本书的内容很有趣，并且进一步学习。你可以继续探索特征工程、机器学习和数据科学的世界。希望本书是你进一步学习的催化剂。

对于之后的学习，我们强烈推荐你阅读知名的数据科学图书和博客，例如：

❑ 锡南·厄兹代米尔的《数据科学原理》；
❑ 机器学习和 AI 博客，KD-nuggets（https://www.kdnuggets.com/）。

# 版权声明

# 技术改变世界 · 阅读塑造人生

## 精通特征工程

◆ 通过Python示例掌握特征工程基本原则和实际应用
◆ 增强机器学习算法效果

**作者:** 爱丽丝·郑　阿曼达·卡萨丽
**译者:** 陈光欣

## Python 深度学习

◆ Keras之父、Google人工智能研究员François Chollet执笔,深度学习领域力作
◆ 通俗易懂,帮助读者建立关于机器学习和深度学习核心思想的直觉
◆ 16开全彩印刷

**作者:** 弗朗索瓦·肖莱
**译者:** 张亮

## 机器学习与优化

◆ 摒弃复杂的公式推导,从实践上手机器学习
◆ 人工智能领域先驱、IEEE会士巴蒂蒂教授领导的LION实验室多年机器学习经验总结

**作者:** 罗伯托·巴蒂蒂　毛罗·布鲁纳托
**译者:** 王彧弋